STAP.

I0046212

DANS LE CIEL

ET

SUR LA TERRE

PRINCIPAUX OUVRAGES
DU MÊME AUTEUR

La Pluralité des Mondes habités, au point de vue de l'Astronomie, de la Physiologie et de la Philosophie naturelle. 33ᵉ édition. 1 vol. in-12.

Les Terres du Ciel. Description physique des planètes qui gravitent avec la Terre autour du Soleil; état probable de la vie à leur surface. 45ᵉ mille. 1 vol. in-8.

Récits de l'Infini. Lumen, histoire d'une âme; la vie universelle et éternelle. 12ᵉ édition. 1 vol. in-12.

Dieu dans la nature, ou le Spiritualisme et le Matérialisme devant la science moderne. 20ᵉ édition. 1 vol. in-12.

Les Merveilles célestes. Lectures du soir à l'usage de la jeunesse. 44ᵉ mille. 1 vol. in-12.

Astronomie populaire. Ouvrage couronné par l'Académie française. 80ᵉ mille. 1 vol. in-8.

Les Étoiles et les Curiosités du Ciel. Description complète du Ciel, étoile par étoile. 40ᵉ mille. 1 vol. in-8.

Histoire du Ciel et des systèmes imaginés pour expliquer l'Univers. 4ᵉ édition. 1 vol. in-8.

Le Monde avant la création de l'homme. Origines de la Terre. Origines de la vie. Origines de l'humanité. 40ᵉ mille. 1 vol. in-8.

L'Atmosphère. Description des grands phénomènes de la nature. 1 vol. in-8.

Contemplations scientifiques. Nouvelles études de la nature. 4ᵉ édition. 2 vol. in-12.

Les Mondes imaginaires et les Mondes réels. Revue des théories humaines sur les habitants des astres. 20ᵉ édition. 1 vol. in-12.

Mes voyages aériens. Journal de bord de 12 voyages scientifiques en ballon. 4ᵉ édition. 1 vol. in-12.

Les *Derniers Jours d'un Philosophe*, traduit de l'anglais de Sir Humphry Davy, et annoté. 1 vol. in-12.

Petite Astronomie descriptive. 20ᵉ mille. 1 vol. in-12.

Études sur l'Astronomie. 9 vol. in-18.

Les Étoiles doubles. Astronomie sidérale. 1 vol. in-8.

Atlas céleste, contenant plus de cent mille étoiles. In-fol.

L'Astronomie. Revue mensuelle d'astronomie populaire.

BOURLOTON. — Imprimeries réunies, A, rue Mignon, 2, Paris.

NUIT D'ÉTÉ

CAMILLE FLAMMARION

DANS LE CIEL

ET

SUR LA TERRE

TABLEAUX ET HARMONIES

Ouvrage illustré de quatre eaux-fortes par Kauffmann

SIXIÈME MILLE

PARIS

C. MARPON ET E. FLAMMARION

ÉDITEURS

26, RUE RACINE, PRÈS L'ODÉON

1887

Tous droits réservés.

NUIT D'ÉTÉ

NUIT D'ÉTÉ

La nuit était calme, déjà profonde, silencieuse. Le tiède parfum des prairies fauchées glissait comme un souffle à travers l'atmosphère transparente; on distinguait les noires silhouettes des arbres se dessinant en ombres fantastiques sur le fond du ciel occidental encore vaguement éclairé des derniers reflets du crépuscule, et la tourelle du château se profilait en noir intense devant la pâle clarté. Nous sortîmes du parc aux arbres séculaires pour nous isoler en pleine campagne, sur le chemin solitaire d'où tout l'horizon est visible. Aucun morceau du ciel ne resta caché pour nous. Du nord au sud et de l'orient à l'occident, toute la voûte étoilée s'étendit au-dessus de nos têtes, et bientôt, parmi les diamants célestes qui resplendissaient de tous leurs feux, nous vîmes apparaître les plus petites étoiles, s'allumant insensiblement dans leur multitude, après le dernier évanouissement du soir.

Nuits d'été majestueuses et sublimes! Quelles heures de délices n'avez-vous pas données aux âmes contemplatives! La lumière solaire, les bruits du jour, le travail incessant de la nature, les combats pour la vie, la domination de la matière, les ambitions vulgaires ou glorieuses de l'humanité entière règnent, s'imposent, s'agitent, emplissent le monde, du lever au coucher du soleil. L'être humain est envahi, emporté par le tourbillon, et ne s'appartient plus à lui-même. Pendant la nuit, au contraire, la nature terrestre s'endort et laisse le ciel régner dans sa grandeur. L'âme peut reprendre pleine possession d'elle-même, oublier le corps, s'épanouir comme la fleur dans l'air silencieux, penser seule, contempler, étudier, connaître, sentir, vivre de la vie spirituelle, et jouir des splendeurs de la vérité entrevue. Alors on sent la vanité des œuvres humaines. On oublie ce qui, au point de vue essentiellement matériel, semblait représenter la valeur de l'humanité. Les plus beaux travaux de l'industrie, les plus élégantes demeures, les palais, les temples sont dans la nuit. Notre petite planète perd son apparente grandeur. Nous nous sentons en communication avec la nature, notre mère, notre fiancée, notre éternelle amie ; avec cette nature toujours jeune et toujours belle, sur le sein de laquelle peuvent sommeiller tous nos rêves ; elle nous entend, elle nous comprend, elle nous répond par ses étoiles, elle nous parle par ses silences, nous vivons en elle et par elle, nous nous sentons, non plus citoyens d'une province ou même d'une planète entière, mais *citoyens de l'infini*, et le spectacle de la nuit nous fait vivre dans notre vrai domaine, dans le domaine de l'infini et de l'éternel, accessible seulement aux clairvoyantes visions de la pensée.

1.

* *
*

La voie lactée était si intense en cette nuit
d'août, que l'on devinait tout de suite en elle
un fourmillement d'étoiles. Nous comprîmes
que nos pères des temps primitifs, nos aïeux
de la Chaldée et des rivages enchanteurs de
l'Ionie aient songé à la neige du cygne en ad-
mirant cette floconneuse blancheur, et nos
yeux cherchèrent à reconstituer les fugitives
images esquissées par l'imagination première.
Non loin de cet élégant col du Cygne étendu
le long du fleuve aérien, nous retrouvâmes la
Chaise, ou le trône sur lequel on assit plus
tard Cassiopée, la Flèche, lancée à travers le
fleuve, le Dauphin, encore bien reconnaissable
à sa forme, l'Aigle planant au zénith comme
un astre entre deux ailes, la Lyre, Andromède,
Pégase, et le Dragon qui serpente entre les
Ourses.

Et nous pensions en nous-mêmes : « N'est-ce

pas là le vrai lien de l'humanité à travers les âges? Combien de regards se sont rencontrés, combien de pensées, combien d'aspirations se sont retrouvées sur ces mêmes étoiles depuis quarante et cinquante siècles! Quel système politique, quelle religion, quelle opinion humaine a survécu depuis la fondation des pyramides? Rien n'est resté, ni races, ni peuples, ni langues, ni patries!... Mais ces fidèles confidentes sont toujours là. Voilà les seuls phares qui ne soient pas éteints. Moïse t'a confié ses espérances, ô blanche Véga, pendant le douloureux exode du peuple qu'il croyait conduire à une Terre promise; Job vous a prises à témoin de ses épreuves, ô Pléiades qui palpitez ce soir, en vous dégageant des eaux de l'horizon; et toi, char immense du Septentrion, Homère a suivi ton cours lorsque dans son enfance il conduisait les troupeaux sur la montagne de l'Olympe.

Vous brilliez ainsi, douces étoiles, dans la nuit de Bethléem, lorsque l'une d'entre vous, dit-on, resplendit d'un éclat inaccoutumé, et c'est à vous qu'il rêvait, le prophète du Thabor, lorsque, daignant parler à la Samaritaine accoudée au puits de Jacob, il lui déclarait que les vrais adorateurs de Dieu ne devaient plus avoir de temples de pierre ni à Jérusalem ni ailleurs, mais adorer le Père dans leur cœur, en esprit et en vérité. Oui, voilà nos inspiratrices, nos confidentes, nos compagnes. Les yeux qui les ont contemplées de siècle en siècle sont éteints dans la nuit du tombeau. Les nôtres se fermeront bientôt. Mais après nous, toujours, tant qu'il y aura des yeux ouverts ici-bas, toujours elles recevront les hommages des mortels; et si nous ne nous endormons ici que pour nous réveiller ailleurs, là aussi, nous les retrouverons; en quelque région de l'immensité que nous renaissions, nous serons environnés, comme ici, par ces mondes rayonnants, et au delà de la vie terrestre comme en deçà ils nous parleront de l'infini et de l'éternité. »

Ainsi nous songions tous deux, en suivant le chemin solitaire. Nos mutuelles pensées avaient été en même temps dominées par l'éclat de cette nuit comme par sa grandeur, et après avoir essayé d'identifier les constellations avec les noms qu'elles portent depuis une si haute antiquité, nous étions restés silencieux, emportés dans un même vol au-delà du monde actuel.

Elle rompit la première le silence. — Il me semble, fit-elle, que ma vie ne date que du jour où j'ai connu l'Astronomie. Je n'en sais pas beaucoup, mais je me vois dans l'univers. Jusqu'alors j'étais aveugle. Tout cela ne me disait rien. J'habitais un pays dont je ne connaissais même pas le nom. Maintenant, je sais où je suis : je sens la Terre m'emporter dans le Ciel. Je m'oriente, j'ai cessé d'être étrangère dans ma patrie. Je vis, je ne dirai pas doublement, ni même au centuple, mais plus encore : *je me sens vivre*, tandis que mon âme était en léthargie. Ces étoiles sont mes sœurs, je les nomme par leurs noms; je sais où elles résident, je les reconnais. Et je me demande maintenant comment les habitants de la terre peuvent vivre sans savoir où ils sont.

— Et pourtant, répliquai-je, il y a encore aujourd'hui, même dans notre belle France, 98 ou 99 personnes sur cent qui vivent de la sorte, dans l'indifférence de ces beautés, dans l'ignorance de ces réalités merveilleuses. Elles ont des yeux pour ne pas voir, une intelligence pour ne pas comprendre.

— Peut-être, reprit-elle, est-ce la faute de l'éducation — des femmes aussi bien que des hommes — qui nous présente la poésie comme exclusivement associée à la versification et la littérature comme renfermant son but en elle-même. Il nous semble que toute idée poétique ne peut être traduite qu'en vers, et l'on nous apprend à classer la littérature pro-

prement dite dans un monde à part, étranger
aux sciences, à l'étude de la nature, à l'histoire, en un mot, à tout ce qui peut instruire.
La science est censée ennuyeuse, et il semble,
au contraire, qu'il soit beau de parler pour ne
rien dire. La poésie est dès son origine associée à la fable et la littérature au roman. Et
pourtant, en vérité, quel plus sublime poème
que ce livre de l'univers! Combien n'est-il
pas plus magnifique, plus captivant, plus
charmant, que tous les contes passés, pré-
sents et futurs!

— Si chacun savait seulement que *la
Terre est un astre du Ciel*, et que nous sommes
actuellement dans le Ciel, tout aussi réellement que nos voisins les habitants de Mars
et de Vénus, ce serait un grand pas de fait.
Chacun bientôt s'intéresserait à ses frères de
l'infini et voudrait connaître les rapports, les
lois, les harmonies, qui rattachent la Terre au
concert universel. Ce serait un premier
avant-goût de la connaissance de la vérité.

— Pour moi, continua-t-elle, je suis si

heureuse de vivre dans le Ciel, que j'en jouis peut-être en égoïste. Je regretterais presque que mes amies eussent ces mêmes joies, et c'est à peine si je leur en parle. Tenez! vous avez remarqué hier ma petite amie... *Oh! qu'elle est belle!*

— Belle!... à côté de vous?...

— Qui donc?... mais ce n'est pas d'elle que je parle. N'avez-vous pas vu cette splendide étoile filante? Tenez, sa traînée reste encore visible sur la Couronne boréale. Comment ne vous a-t-elle pas frappé? Elle a glissé là comme un trait de feu.

⁂

La traînée lumineuse planait encore, en effet, sur la brillante étoile de la Couronne, nommée, comme chacun sait, « la Perle » ou Margarita. Je ne l'avais point remarquée, je m'en confesse, mais j'ai l'espérance que plus d'un lecteur me pardonnera. On se sou-

vient qu'un soir, au temps de la Régence,
une jeune baronne s'étonnait du temps qu'un
astronome mettait à diriger un télescope de
l'Observatoire vers une étoile double qu'elle
désirait admirer. Elle lui en fit quelque repro-
che au moment où il crayonnait, sur le mur
de la terrasse, au lieu du calcul de la position de l'étoile, ce petit quatrain bien connu :

> Près de vous oubliant les cieux,
> L'astronome étonné se trouble :
> C'est dans l'éclat trop brillant de vos yeux
> Qu'il avait cru trouver l'étoile double...

Ma distraction avait donc des précédents,
dans le sanctuaire d'Uranie même, et l'on
peut se souvenir aussi que Fontenelle, dans
ses entretiens avec la marquise sur « la Pluralité des Mondes », s'accuse lui-même d'a-
voir parfois oublié toutes les étoiles pour une
seule. Que celui qui est sans défaut me jette
la première pierre. Au surplus, comme l'étoile
filante, ma distraction dut s'envoler et ne
laisser dans ma pensée que la trace d'une
douce lumière subitement évanouie.

— Elle vient de loin, repris-je, pour re-
nouer la causerie interrompue. C'est encore
là une communication du Ciel avec la Terre.
Voilà une poussière cosmique, quelque cendre d'un monde défunt, peut-être, qui, après
des centaines de millions de lieues de voyage
céleste, vient de rencontrer notre planète, de
heurter les couches supérieures de notre atmosphère, de s'y enflammer par le frottement
et d'y laisser un peu de sa substance évaporée. Les étoiles filantes de ces nuits-ci suivent
dans l'espace la même route que la belle comète de 1862, s'éloignent jusqu'à un milliard
sept cent millions de lieues de nous et n'emploient pas moins de cent vingt ans à parcourir
leur orbite. Mais qu'est-ce que cette distance
si l'on songe que cette petite étoile du Cygne
que nous voyons là gît à quinze mille milliards de lieues d'ici, et qu'un train rapide,

marchant sans aucun arrêt à la vitesse constante de soixante kilomètres à l'heure, n'y arriverait qu'après *cent dix millions d'années!* Et qu'est-ce encore que la distance de cette étoile « voisine », lorsqu'on sait que nous pourrions nous envoler avec la vitesse de la lumière (75 000 lieues par seconde) vers un point quelconque de cette immensité étoilée, sans jamais atteindre aucune limite, sans jamais même en approcher, de telle sorte que notre plus long voyage équivaudrait à l'immobilité absolue et ne nous laisserait jamais qu'au vestibule de l'infini!...

Cette belle étoile de la Couronne, que tout à l'heure notre météore a paru toucher, n'offre aucune parallaxe sensible; on peut penser que le rayon lumineux qui nous en arrive aujourd'hui voyage depuis le commencement de notre ère. Peut-être est-il parti au moment où la bataille d'Actium se livrait entre les flottes d'Octave et d'Antoine, et décidait de l'empire du monde. Nous voyons actuellement cette étoile, non telle qu'elle est de nos jours, mais telle qu'elle était au moment où est parti le courrier lumineux qui nous en arrive. Si, de là, des esprits transcendants peuvent distinguer notre petite Terre, ils sont en retard de dix-neuf siècles sur notre histoire, et voient en ce moment Cléopâtre étendue dans la pourpre de son navire, revenant au rivage, encore éblouie par la dernière gloire d'un soleil couchant. Dans trente ans ils pourront assister à la tragédie du Golgotha, et, dans dix-neuf siècles seulement, si nous étions nous-mêmes transportés dans cette constellation de la Couronne, et surtout si nous étions doués d'une telle faculté de perception, nous aurions sous les yeux la terre d'aujourd'hui, cette Europe, cette France, ces vallons, ces bois, et voyant ce qui existe actuellement sur cette terre, nous nous reverrions par conséquent nous-mêmes, vivant de notre vie actuelle... Oui ! nous pourrions nous revoir, directement, nous suivre dans tout le cours de notre existence, depuis les premiers jeux de notre enfance jusqu'à nos dernières années... Sans doute, il faut, pour cela, nous supposer doués d'une puissance de vision inimaginable; mais connaissons-nous toutes les forces de la nature? Après la télégraphie, le téléphone, l'analyse spectrale, le magnétisme terrestre et le somnambulisme humain, aurions-nous le droit de fermer la porte à l'inconnu? Qui sait ce qui sommeille dans les problèmes de l'avenir? Qui sait de quels sens les êtres extra-terrestres peuvent être doués? La Terre n'est qu'une île flottante dans le grand archipel céleste, et dans le calendrier de l'univers sa vie entière n'aura duré qu'un jour...

— Ah! s'écria-t-elle, l'Astronomie a tué la Mort. C'est la vie, la vie éternelle qui nous environne. L'âme est transfigurée dans la lumière, charmée par le véritable sentiment de l'infini. C'est l'harmonie dans la splendeur. Croyez-vous que Gounod ne soit pas astronome? »

En ce moment, la sublime phrase du Prélude de Bach s'envolait comme un rêve dans

2.

l'air silencieux. Nous nous retrouvions devant la façade du château sans nous souvenir du chemin parcouru, et une partie de la société nous rejoignait après un long détour.

— Quelle promenade ! nous vous avons cherchés jusqu'au bout du parc. Où donc étiez-vous?

Dans les étoiles, répliqua-t-elle en s'appuyant sur mon bras pour entrer au salon, et je n'ai jamais mieux compris que ce soir les modulations enchanteresse du Prélude de Bach. Ne croit-on pas entendre un écho de l'harmonie des cieux!

Château de B., août 18...

LA VIE SUR LES AUTRES MONDES

VOYAGE A LA PLANETE MARS

LA VIE SUR LES AUTRES MONDES

VOYAGE A LA PLANÈTE MARS

★★★

I

En ces heures charmantes du soir où la
Nature semble se reposer de l'activité du jour,
où la dernière note de l'oiseau qui s'endort
reste suspendue dans les bois, où les gloires
éteintes du crépuscule ont déjà fait place aux
mystères de la nuit, nous aimons à rêver en
contemplant la transformation magique du
grand spectacle de la nature, en assistant à
cette glorieuse arrivée des étoiles qui s'allument une à une dans les vastes cieux, tandis
que le Silence étend lentement ses ailes sur
le monde. Jamais l'âme n'est moins seule

qu'en ces instants de solitude. Nulle parole
n'est plus éloquente que ce profond recueillement. Notre pensée s'élève d'elle-même vers
ces lointaines lumières; elle se sent en communication latente avec ces mondes inaccessibles. Mars aux rayons ardents, Vénus à la
lumière argentée, Jupiter majestueux, Saturne
plus calme, nous apparaissent, non plus
comme des points brillants attachés à la voûte
céleste, mais comme des globes énormes,
roulant avec nous dans l'abîme éternel, et
nous savons que l'éclat dont ils resplendissent
n'est que le reflet de la lumière solaire qui les
inonde; nous savons que la Terre brille de
loin comme ces autres planètes, et que, par
exemple, elle éclaire la Lune comme la Lune
nous éclaire; nous savons que ces autres
mondes sont matériels, lourds, obscurs par
eux-mêmes; que, si le Soleil s'éteignait,
nous ne les verrions plus; que toute l'illumination solaire que chaque planète reçoit est
condensée en un point, à cause de l'éloignement qui nous en sépare; nous savons qu'ils

gravitent comme nous autour du foyer radieux à des distances diverses; qu'ils tournent sur eux-mêmes, ont des jours et des
nuits, des saisons, des calendriers spéciaux;
et nous savons aussi que la Terre est un astre du Ciel. Mais cette contemplation ne tarde
pas à laisser en nous un certain sentiment
de vague mélancolie, parce que nous nous
croyons étrangers à ces mondes où règne une
solitude apparente et qui ne peuvent faire
naître en nous l'impression immédiate par
laquelle la vie nous rattache à la Terre. Ils
planent là-haut comme des séjours inaccessibles, et parcourent loin de nous le cycle de
leurs destinées inconnues; ils attirent nos
pensées comme un abîme, mais ils gardent le
mot de leur énigme indéchiffrable. Contemplateurs obscurs d'un univers si grand et si
mystérieux, nous sentons en nous le besoin
de peupler ces îles célestes, et, sur ces plages
désespérément désertes et silencieuses, nous
cherchons des regards qui répondent aux nôtres.

Il devait être réservé à l'Astronomie du XIX° siècle de donner un corps aux vagues aspirations des philosophes du passé, et de répondre à l'heureuse divination des Pythagore, des Anaxagore, des Xénophane, des Lucrèce, des Plutarque, des Origène, des Cusa, des Bruno, des Galilée, des Kepler, des Montaigne, des Cyrano, des Kircher, des Fontenelle, des Huygens, de tous ces penseurs qui, dans les temps passés, et à des degrés divers, se sont élevés dans la haute contemplation de la vérité. A ces noms illustres devaient se joindre au siècle dernier ceux des philosophes de la Nature : Buffon, Kant, Voltaire, Bailly, Lalande, d'Alembert, Herschel, Laplace; glorieuse phalange continuée en notre siècle par d'éminents esprits, parmi lesquels nous ne pouvons nous empêcher de signaler les sympathiques figures de sir John Herschel, François Arago, David Brewster et Jean Reynaud. Oui! c'est à l'Astronomie de notre époque qu'il était réservé de couronner le lent et grandiose édifice des siècles, par cette doctrine sublime qui répand dans l'infini les splendeurs de la vie et de la pensée, et qui donne un but rationnel à l'existence de l'Univers.

Ne nous y trompons pas, en effet, la doctrine de l'existence de la vie ultra-terrestre est en réalité la synthèse capitale et le but définitif de toute l'Astronomie. Que serait l'univers tout entier, s'il n'y avait là que les objets inertes auxquels les calculs de la théorie ont été appliqués jusqu'ici, c'est-à-dire des points matériels animés de mouvements variés, des blocs blancs ou noirs tombant dans tous les sens à travers l'aveugle immensité? Que nous importerait d'étudier tous ces soleils et tous ces mondes, si ces mondes devaient rester pendant l'éternité des globes déserts et stériles, si ces soleils brillaient pour ne rien éclairer, brûlaient pour ne rien échauffer, et ne conduisaient sur les chemins de l'espace que des îles inhabitées et de muettes solitudes? En vérité, s'il n'y avait là que la mort éternelle, notre sublime Astro-

3

nomie, l'étude passionnée de l'univers, perdrait à nos yeux son but intrinsèque, son
charme et sa grandeur.

Qu'est-ce que la Terre? Une planète du système solaire, et l'une des plus médiocres :
un habitant de Jupiter ou de Saturne ne la
regarderait qu'avec dédain, et, d'ailleurs, vue
de ces mondes gigantesques, qui gravitent à
155 et 318 millions de lieues de notre orbite,
notre île flottante n'est qu'un point, ou pour
mieux dire une imperceptible tache sur le Soleil. Qu'est-ce que tout notre système planétaire, y compris la Terre et ses destinées?
C'est un chapitre, un feuillet, une page du
grand livre de l'Univers : des millions et des
millions de soleils plus magnifiques et plus
riches que le nôtre remplissent l'immensité de
leurs radiations fécondes. Et qu'est-ce que
tout cet ensemble d'étoiles, tout l'univers que
nous connaissons, au milieu de l'infini? C'est
un nid perdu dans une forêt, une fourmilière
dans une campagne. Cherchez la Terre : vous
ne la trouvez plus.

L'antique erreur de l'immobilité de la Terre
supposée fixe au centre du monde s'est per-
pétuée, mille fois plus extravagante, dans
cette causalité finale mal entendue dont la
prétention est de s'obstiner à placer notre
globe au premier rang des corps célestes. Notre planète n'a reçu de la nature aucun privilège spécial. Nous nous imaginons naïvement
que, parce que nous sommes ici, notre pays
doit être supérieur en essence à toutes les
autres contrées de l'univers : c'est là un patriotisme de clocher, enfantin, puéril, sans
excuse. Si demain matin nul de nous ne se
réveillait, et si les quinze cent millions d'humains qui s'agitent en ce moment tout autour
de notre mondicule s'endormaient du dernier
sommeil, cette fin du monde terrestre, cette
disparition de la race humaine, n'apporterait
pas la plus légère perturbation dans le cours
des cieux; elle passerait inaperçue dans l'i-
nexorable mouvement des choses, et, sans
contredit, chez nos plus proches voisins, les
habitants de Mars et de Vénus... les valeurs

de la Bourse n'en baisseraient pas d'un centime!

On rencontre encore aujourd'hui certains esprits, et même des esprits éclairés, qui tout en reconnaissant que la Terre est un astre insignifiant dans l'ensemble de l'univers, s'imaginent néanmoins que la vie n'existe qu'ici, et que les millions de milliards de mondes qui peuvent graviter dans l'immensité infinie doivent être inhabités, *parce qu'ils ne nous ressemblent pas*, parce qu'ils ne sont pas identiques à notre fourmilière!

Le bon vieux Plutarque raisonnait mieux mille ans avant l'invention du télescope et du microscope. « Si nous ne pouvions approcher de la mer, dit-il dans son intéressant petit Traité sur la Lune (*De facie in orbe Lunæ*), et si, la voyant seulement de loin, nous savions que l'eau en est amère et salée, nous prendrions pour un visionnaire, nous contant des fables dénuées de toute vraisemblance, celui qui viendrait nous assurer qu'elle est habitée par toutes sortes d'animaux qui vivent dans ce lourd élément aussi confortablement que nous dans l'air léger. Telle est précisément notre situation d'esprit lorsque nous soutenons que la Lune n'est pas habitée parce qu'elle ne nous ressemble pas. S'il y a là des habitants, ils ne doivent pas admettre à leur tour que la Terre puisse être peuplée, enveloppée comme elle l'est de brouillards, de nuages et de lourdes vapeurs, et ils croient sans doute que c'est là l'enfer. »

A notre époque scientifique, les raisonnements contre lesquels s'élève Plutarque sont moins excusables que de son temps : la Science tout entière s'élève de toutes parts pour en proclamer l'insuffisance.

Il y a quelques années encore, les naturalistes à courte vue ne déclaraient-ils pas que la vie est impossible au fond des mers, parce que la pression y est si énorme qu'elle écraserait les êtres; parce que, en cette perpétuelle obscurité, l'assimilation du carbone est interdite, et pour cent autres bonnes petites raisons. Des savants moins sûrs d'eux-mêmes, et

3.

plus curieux, ont l'idée de vérifier : on jette
la sonde, et l'on ramène... des merveilles!
des êtres si délicats, si frêles, si ravissants,
que, sous cette effroyable pression, ils ressemblent à des papillons se jouant au milieu
des fleurs! Il n'y a pas de lumière : ils en
fabriquent! et sont phosphorescents. Jamais
un démenti plus formel n'a été donné aux esprits étroits qui ne veulent pas — ou ne peuvent pas — élargir le cercle de l'observation
immédiate, et qui s'imaginent, selon la parole
de saint Augustin, enfermer l'Océan dans une
coquille de noix.

Notre planète nous apparaît comme une
coupe trop étroite pour contenir la vie, laquelle
se manifeste dans toutes les conditions imagi-
nables et inimaginables, et se développe, à
ses propres détriments, en vie parasitaire
multipliée. Le sol, les eaux, les airs, tout est
plein d'êtres, d'embryons, de germes, de fécondité. La vie déborde littéralement de toutes
parts, et elle transforme ses manifestations
suivant les temps et suivant les lieux. Il y eut

une époque sur la Terre où le sol, l'atmosphère, la température, les climats, les conditions organiques générales, étaient bien différents de ce qui existe aujourd'hui. Alors les
êtres vivants étaient aussi tout différents de
ce qu'ils sont. Ressuscitez le monde informe
des iguanodons, des ichthyosaures, des plé-
siosaures, de l'archéoptérix, du ptérodactyle,
et voyez quelle singulière figure feraient ces
monstres antédiluviens dépaysés sur nos continents pacifiques, au milieu de nos calmes
paysages illuminés de la transparente lumière
d'un ciel d'azur! Enfants du globe primitif,
ces colosses à la puissante armure respiraient
une atmosphère mortelle pour nous, les échos
retentissaient de leurs rugissements, et les
flots agités des mers vomissaient les mons-
trueuses épaves de leurs titanesques combats;
les témoins comme les acteurs étaient appro-
priés à la scène sauvage des siècles primor-
diaux. Au milieu de ces commotions violentes, la douce sensitive fût morte de frayeur,
le rossignol eût senti les perles de sa voix

étouffées dans sa gorge, et jamais Ève n'eût
osé s'asseoir, nonchalante et rêveuse, sur la
mousse des bosquets en fleur. La Terre actuelle est une planète toute différente de la
Terre de l'époque houillère. La nature, puissante et féconde, produit des œuvres adaptées
aux milieux changeants, et organisées pour
ainsi dire par ces milieux eux-mêmes. Si nous
pouvions renaître dans un million d'années,
non seulement nous chercherions en vain les
nations qui existent actuellement, car il n'y
aura plus alors ni Français, ni Anglais, ni
Allemands, ni Espagnols, ni Italiens, ni Européens, ni Américains; mais encore, nous ne
reconnaîtrions même pas notre type humain
actuel dans nos successeurs sur la scène du
monde. De siècle en siècle, d'âge en âge, tout
se transforme, tout se métamorphose.

Pour juger sainement, il faut nous affranchir de tout préjugé terrestre, avoir l'esprit
dégagé des choses immédiates, oublier notre
berceau, et arriver devant le concert des mondes comme si nous descendions de Saturne,

d'Uranus, ou d'une province quelconque du
Ciel.

Si notre esprit développé par les nobles contemplations de la Science veut embrasser
l'Univers sous son véritable aspect, nous devons songer, d'une part, que la Terre où nous
sommes et l'humanité qui l'habite ne sont pas
le type de la création, et, d'autre part, que
notre époque n'a pas l'importance spéciale
que nous lui attribuons, — et il y a encore
ici un préjugé inné dont il est difficile de
s'affranchir. Nous oublions, en effet, le passé
et l'avenir pour le présent qui nous intéresse
personnellement, et lorsque notre pensée s'envole vers les sphères célestes pour les peupler
d'êtres variés disséminant la vie sur toutes les
plages de l'infini, nous avons une tendance à
appliquer nos raisonnements à l'époque actuelle. C'est encore là un jugement à courte
vue. Dans l'éternité, notre époque passe
comme une ombre transitoire, de même que
dans l'infini l'étendue de notre patrie terrestre
disparaît comme une goutte d'eau au sein de

l'Océan. La Terre a été pendant des millions
d'années sans être habitée, et le jour viendra
où la dernière famille humaine s'étant endormie dans les glaces du refroidissement définitif, le globe terrestre roulera dans l'espace
comme un sépulcre sans épitaphe et sans histoire. Avant l'existence du premier homme
sur la Terre, les étoiles brillaient au Ciel
comme aujourd'hui, et déjà, depuis bien des
siècles de siècles, les soleils radieux de l'immensité sans bornes illuminaient et régissaient
les humanités sidérales gravitant dans leur
rayonnement. Après le dernier soupir du
dernier homme, les mondes continueront de
circuler dans la joyeuse et féconde lumière
des soleils de l'avenir. Lors donc que nous
saluons la vie universelle dans l'infini, nous
devons associer à cette idée celle de la vie
s'étendant le long des âges passés et futurs,
et c'est seulement éclairée par cette double
lumière que notre contemplation de la nature
peut être adéquate à la réalité. Ainsi, dans
notre propre système planétaire, tandis que

Mars et Vénus se présentent à nous comme actuellement habitables, Jupiter nous apparaît comme arrivant seulement à la genèse des époques primordiales de la vie, et la Lune, au contraire, comme atteignant déjà sans doute les derniers jours de son histoire. Ici des nébuleuses sont en formation, là des mondes s'écroulent dans la décadence et l'agonie.

Ces considérations générales se sont présentées d'elles-mêmes à notre attention au moment où, ayant sous les yeux un grand nombre de dessins télescopiques de la planète Mars, nous nous disposions à examiner spécialement les conditions physiques dans lesquelles cette planète se trouve actuellement, et à en étudier la géographie, la météorologie et la climatologie.

Lorsque nous considérons avec attention ce monde voisin, nous ne pouvons nous empêcher d'être tout d'abord frappés par certaines analogies remarquables qui nous font immédiatement songer à notre habitation ter-

restre. Et d'abord, cette planète se montre à
nous environnée d'une atmosphère assez
épaisse pour absorber une grande quantité de
lumière, rendre ses aspects géographiques invisibles pour nous lorsqu'ils arrivent aux
bords du disque, et atténuer considérablement
l'intensité de la coloration rougeâtre de ses
continents. Cette atmosphère contient comme
la nôtre de la vapeur d'eau en suspension :
l'analyse spectrale le démontre d'une part, et
d'autre part les neiges polaires que nous aper-
cevons d'ici, et qui varient d'étendue suivant
les saisons, ne pourraient ni se former, ni se
fondre, ni s'évaporer, si l'eau ne remplissait
pas sur cette planète un rôle analogue à celui
qu'elle joue dans notre propre météorologie. :

Le partage de la surface du sol en régions
claires et foncées conduit, d'autre part encore,
à conclure que les régions sombres nous représentent des étendues d'eau qui absorbent
la lumière, tandis que les continents la réflé-
chissent. Ces étendues d'eau sont, comme

nous le verrons tout à l'heure, variables elles-mêmes, suivant les saisons.

Quant à ces *saisons*, elles ont précisément la même intensité que les nôtres, car l'inclinaison de l'axe de rotation du globe de Mars est à peu près la même que celle de notre propre planète. L'année, toutefois, y étant près de deux fois plus longue que la nôtre (elle dure 687 jours terrestres), les saisons y sont également près de deux fois plus longues et durent près de six mois chacune; toutefois elles sont plus inégales qu'ici. Le printemps dure 191 jours martiens, l'été 181 jours, l'automne 149 jours et l'hiver 147; total : 668 jours martiens pour l'année de cette planète. Le jour martien est un peu plus long que le jour terrestre; la durée précise de la rotation de la planète autour de son axe est aujourd'hui connue à moins d'une seconde près : elle est de 24ʰ37ᵐ23ˢ.

Il y a beaucoup moins de nuages que sur la Terre. Il s'en forme très rarement dans les régions équatoriales, et c'est surtout vers les

4

régions polaires qu'ils se condensent. Toutefois, l'apparition, la disparition, le déplacement, sur certaines contrées, et parfois même jusqu'à l'équateur, de taches blanches rivalisant d'éclat avec les neiges polaires, signalent la formation de brouillards et de nuages qui nous apparaissent, vus d'en haut, comme lorsque nous les observons en ballon, d'une éclatante blancheur, parce que leur surface supérieure refléchit la lumière solaire avec autant d'intensité que la neige fraîchement tombée.

Les *neiges* polaires varient considérablement d'étendue suivant les saisons. Toutes les observations s'accordent pour établir qu'elles atteignent leur maximum après l'hiver de l'hémisphère auquel elles appartiennent, et leur minimum après l'été. La variation d'étendue est plus grande au pôle sud qu'au pôle nord, ce qui concorde avec l'effet de l'excentricité de l'orbite, qui donne à l'hémisphère austral des saisons plus marquées qu'à l'hémisphère boréal.

De même que sur notre planète, le centre du froid ne coïncide pas avec le pôle géographique, mais en est éloigné de cinq à six degrés. En 1877 et 1879 notamment, on a vu le pôle rester pendant un certain temps complètement découvert. Comme sur la Terre aussi, ces régions polaires sont occupées par des mers.

Ce sont là les principales analogies que la planète Mars présente avec le monde que nous habitons. Pour tout esprit impartial, affranchi des préjugés terrestres dont nous parlions tout à l'heure, la logique rationnelle va un peu plus loin que les yeux : notre pensée pénétrante devine, sent, perçoit que les forces de la nature n'ont pu rester inactives, n'ont pu être frappées dans leur œuvre par un miracle permanent de stérilisation. Là comme ici, en effet, il y a des jours et des nuits, des matins et des soirs, des rayons de soleil et des ombres, des heures lumineuses et des jours couverts, des nuages et des pluies, des terres et des eaux, des printemps et des hivers, des

tempêtes et des calmes, des paysages gracieux
et des steppes improductives. Là comme ici
le vent mugit dans les falaises, souffle à travers les bois, glisse sur l'onduleuse prairie ;
là comme ici l'arc-en-ciel succède à l'orage,
les parfums des fleurs imprègnent l'atmosphère, et sans doute aussi, là comme ici, le
printemps peuple les bois de nids et de chan-
sons. N'est-il pas naturel de songer à ces heures charmantes du soir dont nous parlions
en commençant cette étude, heures qui se
succèdent sur Mars comme sur la Terre ! De
là, nous brillons au ciel comme Vénus brille
pour nous. N'est-il pas naturel de nous demander s'il y a là des êtres qui nous contemplent, des humains, des frères qui peut-être
connaissent mieux notre patrie que nous ne
connaissons la leur, des intelligences douées
de facultés analogues ou supérieures aux nôtres ?... Comment regarder ces continents et
ces mers sans penser aux habitants ? Comment
ne pas songer à ces rivages, à ces embouchu-
res de fleuves, à ces havres, à ces plaines, à

ces campagnes, et ne pas imaginer qu'il puisse
exister là aussi des oasis, des hameaux solitaires, des villages paisibles, des cités popu-
leuses, des capitales glorieuses, des travaux
industriels, des œuvres d'art et tous les produits d'une civilisation séculaire? Sans doute,
certainement même, les formes des êtres vivants ne doivent point ressembler à celles des
enfants de notre planète. Mais, sous des manifestations différentes des manifestations terrestres, la perpétuelle adolescente, la divine
Nature, jeune et intarissable mère des êtres et
des choses, a donné le jour à des productions
vivantes dont l'organisation est adaptée aux
conditions organiques spéciales de ce séjour.

★ ★ ★

4.

II

La configuration géographique de cette planète est fort différente de celle du monde que nous habitons. Tandis que les trois quarts de notre globe sont couverts d'eau, et que la terre ferme est formée de trois continents principaux (les Amériques, l'Afrique et l'Asie dont l'Europe est le prolongement), sur Mars il n'y a ni vastes océans, ni grands continents, mais seulement des méditerranées, des îles, des presqu'îles, des détroits, des caps, des golfes, des canaux étroits, en un mot une découpure beaucoup plus détaillée. Les continents occupent une étendue presque égale à celle des mers et se distribuent surtout le long de l'équateur et au-dessous. Les formations géologiques n'ont pas été les mêmes qu'ici, où nous voyons tous les continents se terminer en pointes vers le sud. Les mers sont très découpées et sans doute, en général, peu profondes, car il semble qu'on en aperçoive le fond en certaines régions qui sont beaucoup moins sombres, et qu'elles subissent de temps à autre des variations, retraits, inondations, perceptibles d'ici. Ainsi, il y a moins d'eau sur Mars que sur la Terre.

Cet état de choses s'accorde avec l'âge cosmogonique que nous sommes conduits à attribuer à la planète ; car dans la théorie la plus probable de la formation des mondes par la condensation en globes, d'anneaux gazeux primitifs successivement détachés de la nébuleuse solaire, les planètes les plus éloignées sont les plus anciennes, et l'ordre de leur naissance est le même que celui de leurs distances : Neptune — Uranus — Saturne — Jupiter — Mars — la Terre — Vénus — Mercure. Leur histoire géologique, météorologique, climatologique, organique dépend ensuite de leur volume, de leur masse, de leur constitution physique. Mars doit être refroidi jusqu'à son centre. On sait d'ailleurs que la chaleur interne du globe terrestre n'a aucune action sur les phénomènes vitaux de la surface. Mais l'histoire géologique de Mars n'en a pas moins été plus rapide que celle de la Terre ; il est tout naturel d'admettre qu'une partie des eaux ait été absorbée, que les mers soient moins immenses et moins profondes, qu'il y ait moins d'évaporation et moins de nuages que sur la Terre, et c'est, en effet, ce que l'observation révèle.

Les mers martiennes sont moins étendues que les mers terrestres ; elles sont aussi moins profondes. D'une part, il semble qu'on en distingue le fond en certaines régions parfois très étendues, car la teinte arrive à y être presque aussi claire que sur la terre ferme ; d'autre part, certaines plages doivent être peu élevées au-dessus du niveau moyen, car elles paraissent tantôt découvertes et tantôt inondées ; d'autre part encore, les continents ne doivent pas être hérissés de chaînes de montagnes aussi colossales que nos Andes et nos Cordillères, car de longs canaux rectilignes les traversent en divers sens, comme s'il n'y avait là que de vastes plaines, et le relief du fond des mers ne peut être géologiquement différent de l'orographie des continents. Ces divers témoignages s'unissent pour nous montrer dans Mars une planète moins montagneuse que la Terre, Vénus et la Lune, baignée de mers peu profondes, aux plages unies, douces et paresseuses.

Il paraît peut-être téméraire d'imaginer que nous puissions être témoins d'ici d'inondations, de débordements, ou de desséchements sur cette planète éloignée de nous à quinze et vingt millions de lieues dans les meilleures circonstances de visibilité. C'est pourtant ce que l'observation télescopique elle-même nous invite à croire. Pour que ces variations d'aspect soient visibles, il faut, il est vrai, qu'elles s'effectuent sur de larges surfaces, sur des étendues d'une centaine de kilomètres de largeur au minimum, et de plusieurs centaines de kilomètres de longueur. Mais il y a déjà plusieurs années que la comparaison attentive

de ces variations nous inspire cette explication naturelle.

Assurément, il ne faudrait pas prendre pour
des changements réels toutes les différences
qui existent entre les observateurs, et l'on
pourrait presque dire que pour certains détails
il n'y a pas deux yeux qui voient identique-
ment de la même façon, même les deux yeux
d'une même personne. Mais lorsque l'attention s'est tout spécialement fixée sur certains
points remarquables qui auraient dû être ren-
dus parfaitement visibles dans les instruments
employés, et que l'on constate ainsi des différences qui paraissent incompatibles avec les
erreurs d'observation, la probabilité penche
en faveur de la réalité effective des changements signalés.

Tout récemment, en janvier et en février
1882, on a constaté que des centaines de
milliers de kilomètres carrés de surface sont
devenus sombres, tandis qu'ailleurs des régions sombres se sont éclaircies. Cherchant
la cause de ces variations, on peut balancer

entre l'hypothèse d'un changement dans les eaux et celle d'une végétation qui varierait avec les saisons et se propagerait rapidement sur de vastes étendues. La première cause paraît plus probable : 1° parce que c'est dans le voisinage des mers, et dans les mers elles-mêmes que ces effets se présentent ; 2° parce que la nuance de ces golfes variables, de ces canaux, est la même que celle des mers ; 3° parce que les canaux qui traversent les continents sont toujours, et à leurs deux extrémités, en communication avec les mers. Dans l'hypothèse d'une cause végétale, on serait graduellement conduit à admettre que les taches sombres de Mars ne sont pas des mers, mais des forêts ou des prairies, ce qui est beaucoup moins probable.

Comment de telles inondations et de tels desséchements alternatifs peuvent-ils se produire? Supposer des exhaussements et des affaissements dans le niveau du sol, comme il s'en produit, par exemple, sur les bords de la Méditerranée, entre autres à Pouzzoles (où

l'on voit le temple de Sérapis tour à tour au-
dessus et au-dessous du niveau de la mer),
est une hypothèse qui nous paraît extrême.
C'est plutôt dans la quantité d'eau qu'il faut
chercher les variations. Mais comment cette
quantité peut-elle varier? Par les gelées, par
la fonte des neiges, par les pluies. Or il n'est
pas rare d'observer sur Mars des régions cou-
vertes de neige assez étendues pour être visibles d'ici. D'autre part, à certaines époques,
ces neiges disparaissent complètement. Le
procédé météorologique des transformations
de l'eau paraît être le même sur cette planète
que sur la nôtre ; seulement il est probable
que les variations sont beaucoup plus impor-
tantes là qu'ici ; que les mers ont beaucoup
moins d'eau et subissent des changements
relativement considérables pour elles ; que les
rivages sont plats, et qu'en certaines régions
les plaines sont juste au niveau de la mer.

On ne peut pas attribuer ces variations à des
marées, car quoiqu'il y ait deux satellites
pour les produire, l'un tournant en sept heu-

res trente-neuf minutes et l'autre en trente
heures dix-huit minutes, ces deux satellites
ont une masse trop faible pour causer de tels
effets, et d'ailleurs ces effets ne présentent
ni la rapidité ni la périodicité correspondan-
tes aux révolutions de ces minuscules satellites, — dont le diamètre n'excède pas celui de
Paris.

Quant à l'évaporation, à la formation des
nuages et à leur résolution en pluies, il n'est
peut-être pas hors de propos de considérer
que nous ne savons pas encore si l'eau de
Mars est *absolument* la même eau chimique
que la nôtre. Nous ne nous demanderons pas
avec le P. Kircher si elle serait « bonne pour
baptiser » et « si le vin conviendrait pour la
messe »; mais quoique l'analyse spectrale si-
gnale dans l'atmosphère de Mars des lignes
d'absorption montrant l'analogie de cette eau
avec la nôtre, nous ignorons si la pression atmosphérique et la température normale diffèrent peu ou beaucoup de ce qui existe ici, et
si l'atmosphère est identique à celle que nous

respirons. Nous avons même certaine bonnes
raisons d'admettre qu'il y a sur ce point des
différences essentielles entre cette planète et
la nôtre. L'intensité de la pesanteur n'y surpasse pas les trente-sept centièmes de l'intensité de la pesanteur à la surface de la
Terre. Des huit mondes principaux de notre
système, c'est la plus faible : un kilogramme
de terre ou d'eau n'y pèse que trois cent
soixante-dix grammes. Les conditions de la
Thermodynamique y sont tout autres qu'ici.
D'autre part, les matériaux constitutifs de ce
globe sont beaucoup moins denses que les
matériaux terrestres, car leur densité n'est
égale qu'aux soixante-neuf centièmes de celle
des nôtres. Il y a là un état de légèreté qui
règle les actions mécaniques opérées à la surface de cette planète suivant des lois différentes de celles qui régissent les nôtres.

On est généralement porté à croire que la
température moyenne des planètes est déterminée par leur distance au Soleil, que sur Mercure cette température est sept fois plus éle-

vée que celle de la Terre, et que sur Neptune elle est neuf cents fois moindre. Un tel raisonnement pèche par la base : le sommet du mont Blanc est constamment glacé, et, à ses pieds, la douce vallée de Chamounix est une serre chaude; pourtant ces deux points sont à la même distance du Soleil.

C'est la constitution de l'atmosphère qui joue le plus grand rôle dans l'établissement des températures. Il peut faire beaucoup plus chaud sur Mars que sur la Terre, comme il peut y faire beaucoup plus froid.

L'atmosphère agit comme une serre. Elle laisse arriver les rayons du soleil jusqu'à la surface du sol, mais ensuite elle les retient et s'oppose à ce que la chaleur emmagasinée s'échappe dans l'espace. Sans l'atmosphère, toute la chaleur solaire reçue pendant le jour fuirait pendant la nuit, et la surface du sol serait gelée chaque nuit, en été comme en hiver. Mais sait-on quelles sont les molécules atmosphériques qui opposent l'obstacle le plus efficace à la déperdition de la chaleur absorbée

par la terre? Les molécules d'oxygéne et d'a-
zote, c'est-à-dire l'air proprement dit, sont à
peu près indifférentes, et laissent tranquillement perdre cette précieuse chaleur. Mais il y
a dans l'air de la vapeur d'eau, en suspension,
à l'état de gaz invisible. C'est cet élément qui
est le plus efficace. Le pouvoir absorbant d'une
molécule de vapeur aqueuse est 16 000 fois
supérieur à celui d'une molécule d'air sec !
Cette vapeur est une couverture plus salutaire
pour la vie végétale que nos vêtements ne le
sont dans les plus grands froids. Supprimez
pendant une seule nuit la vapeur d'eau
contenue dans l'air qui couvre la France, et
vous détruirez, par ce seul fait, toutes les
plantes que le froid fait mourir; la chaleur de
nos champs et de nos jardins se répandra sans
retour dans l'espace, et lorsque le soleil se lèvera, il n'éclairera plus qu'un désert de glace.

La vapeur d'eau n'est pas la seule qui jouisse
de ce privilège. Les expériences de Tyndall
ont montré que les vapeurs de l'éther sulfu-
rique, de l'éther formique, de l'éther acétique,

de l'amylène, du gaz oléfiant, de l'iodure d'é-thyle, du chloroforme, du bisulfure de carbone, exercent la même influence, à des degrés divers. Les parfums que les fleurs répandent le soir autour d'elles leur servent, pendant la nuit, d'un voile protecteur contre les atteintes de la gelée.

Certains savants se placent en dehors de la nature, en dehors de la vérité, lorsqu'ils s'imaginent que l'univers entier doit être la répétition de notre habitacle, et lorsqu'ils croient pouvoir juger l'immensité d'après l'observation de notre atome. Une atmosphère de quelques mètres d'épaisseur, et absolument transparente pour la vue, pourrait envelopper la Lune et en faire un séjour délicieux. Ne craignons pas de le répéter, le champ de nos expériences terrestres est très restreint, il ne suffit pas pour faire juger l'univers entier; mais chaque particularité peut servir d'enseignement, de point de départ pour commencer le réseau d'une science *comparée*, qui pourrait s'étendre jusqu'aux autres séjours.

5.

Chacun sait combien est instable l'équilibre atmosphérique et quelles imperceptibles variations dans la température suffisent pour donner naissance à la formation des nuages et des brouillards. De la vapeur d'eau, à l'état invisible, est en suspension dans l'air. Qu'un léger abaissement se produise dans la température, et voilà un nuage formé. Qu'un léger échauffement succède, et voilà le nuage dissipé. La pression atmosphérique, la tension de la vapeur d'eau agissent constamment, silencieusement, doucement, mais énergiquement.

De faibles modifications dans la constitution physique et chimique de notre atmosphère eussent pu amener dans cette atmosphère une opacité perpétuelle. Nous eussions habité alors une planète brumeuse, un brouillard sans fin, et jamais nous n'eussions connu l'existence des étoiles, de la Lune, ni peut-être même celle du Soleil; l'Astronomie n'eût pu naître sur un tel séjour; il eût été impossible à l'humanité terrestre de se rendre compte du lieu qu'elle habite; c'eût été une tout autre race, arrêtée dès le début de son développement, myope, terne, grise, bornée, figée, plus animale qu'humaine... A quoi tiennent les destinées d'un monde? A l'invisibilité d'un nuage.

Fort heureusement pour la planète Mars, son atmosphère est transparente; le ciel y est même moins souvent couvert que chez nous. Toutefois, les nébulosités blanches que l'on aperçoit de temps à autre le long des rivages, et les nuages plus éclatants encore que l'on remarque sur les régions polaires, montrent que les procédés météorologiques n'y diffèrent pas essentiellement des nôtres, quoiqu'il y ait moins d'eau qu'ici. Mais, sans contredit, une différence essentielle avec le monde que nous habitons est présentée par ces variations, qui n'ont rien d'analogue sur la Terre.

Ajoutons encore que d'après les observations, le lever du soleil sur Mars est généralement plus beau, plus clair que le coucher du soleil. C'est une analogie de plus avec la météorologie de notre monde.

Plus singulière, plus énigmatique que les variations de teintes dont nous venons de parler, est l'existence des canaux rectilignes découverts par M. Schiaparelli, directeur de l'Observatoire de Milan. Ils mesurent de 1 000 à 5 000 kilomètres de longueur, plus de cent kilomètres de largeur, *sont tracés en lignes droites*, traversent les continents, font communiquer les mers entre elles et se croisent mutuellement suivant des angles variés. C'est là sans contredit un aspect véritablement étrange, inattendu, fantastique. Deux impressions immédiates frappent notre esprit, à l'aspect de ce bizarre tracé géographique : la première, que ce n'est pas réel, que l'observateur a été dupe d'une illusion, qu'il a mal vu ou exagéré ; la seconde, que, si c'est vrai, si ces canaux sont authentiques, ils ne paraissent pas naturels et semblent plutôt dus aux combinaisons d'un raisonnement, représenter l'œuvre industrielle des habitants de la planète. Nous avons beau nous en défendre, cette impression pénètre l'esprit, et plus nous analysons le dessin *, plus elle s'impose à notre interprétation.

L'hypothèse d'une origine intelligente de ces tracés se présente d'elle-même à notre esprit, sans que nous puissions nous y opposer. Quelque téméraire qu'elle soit, nous sommes forcés de la prendre en considération. Tout aussitôt, il est vrai, les objections abondent. Est-il vraisemblable que les habitants d'une planète construisent des œuvres aussi gigantesques que celles-là? Des canaux de cent kilomètres de largeur? Y pense-t-on? Et dans quel but?

Eh bien (circonstance assez curieuse), dans *l'hypothèse* d'une origine humaine de ces tracés, on pourrait en trouver l'explication dans l'état de la planète elle-même. D'une part, nous avons vu tout à l'heure que les matériaux y sont beaucoup moins lourds qu'ici. D'autre part, la théorie cosmogonique donne à ce monde voisin un âge beaucoup plus an-

* Voyez cette singulière géographie de Mars dans nos *Terres du Ciel*, fig. 30, p. 61.

cien que celui de la planète où nous vivons.
Il est naturel d'en conclure qu'elle a été habitée plus tôt que la Terre, et que son humanité, quelle qu'elle soit, doit être plus avancée
que la nôtre. Tandis que le percement des
Alpes, l'isthme de Suez, l'isthme de Panama,
le tunnel sous-marin entre la France et l'Angleterre paraissent des entreprises colossales
à la science et à l'industrie de notre époque,
ce ne seront plus là que des jeux d'enfants pour
l'humanité de l'avenir. Lorsqu'on songe aux
progrès réalisés dans notre dix-neuvième
siècle, chemins de fer, télégraphes, applications de l'électricité, photographie, téléphone, etc., on se demande quel serait notre
éblouissement si nous pouvions voir d'ici les
progrès matériels et sociaux que le vingtième,
le vingt et unième siècle et leurs successeurs réservent à l'humanité de l'avenir.
L'esprit le moins optimiste prévoit le jour
où la navigation aérienne sera le mode ordinaire de circulation; où les prétendues
frontières des peuples seront effacées pour

toujours; où l'hydre infâme de la guerre
et l'inqualifiable folie des, armées permanentes seront anéanties devant l'essor glorieux de l'humanité pensante dans la lumière et dans la liberté! N'est-il pas logique d'admettre que, plus ancienne que
nous, l'humanité de Mars est aussi plus perfectionnée, et que dans l'unité féconde des
peuples, les travaux de la paix ont pu atteindre des développements considérables?

Nous ignorons ce que peuvent être ces longs
tracés sombres à travers les continents, si
toute leur épaisseur est homogène, et rien ne
nous prouve assurément que ce soient là des
canaux pleins d'eau. On peut faire là-dessus
mille conjectures.

Quelle que soit l'hypothèse vers laquelle on
penche, origine naturelle ou origine industrielle de ces canaux, leur existence n'en
constitue pas moins un problème du plus haut
intérêt. La vérification des tracés, la consta-
tation probable de nouveaux changements
formeront le thème d'une analyse nouvelle,

d'où sortira sans doute une connaissance plus approfondie de cette curieuse planète.

Quoi qu'il en soit, les variations prodigieuses de certaines configurations géographiques, dont nous avons parlé, sont pour nous un témoignage que cette planète est le siège d'une énergique vitalité. Ces mouvements divers nous paraissent s'effectuer en silence, à cause de l'éloignement qui nous en sépare; mais, tandis que nous observons tranquillement ces continents et ces mers, lentement emportés devant notre regard par la rotation de la planète autour de son axe, tandis que nous nous demandons sur lequel de ces rivages il serait le plus agréable de vivre, peut-être y a-t-il là, en ce moment même, des orages épouvantables, des volcans en fureur, des tempêtes déchaînées, des armées excitées par le feu du combat, des flottes de guerre bombardant une autre Alexandrie, où des troupes innombrables préparant l'investissement soldatesque d'un autre Paris. De même, les astronomes de Vénus, armés d'instruments

d'optique analogues aux nôtres, contemplant
la Terre et la voyant planer dans une calme
tranquillité au milieu d'un ciel pur, ne se
doutent pas assurément que sur ces campagnes dorées par le soleil et sur ces mers
azurées qui se découpent en golfes si délicats, l'intérêt, l'ambition, la cupidité, la
barbarie ajoutent souvent leurs orages volon-
taires aux intempéries fatales d'une planète
imparfaite. Nous pouvons pourtant espérer
que le monde de Mars étant plus ancien que
le nôtre, son humanité est plus avancée et
plus sage. Ce sont sans doute les travaux et
les bruits de la paix qui animent son atmosphère. Il est curieux de penser, toutefois, que
malgré leurs efforts, ces frères inconnus peuvent n'avoir pas encore fait la conquête entière de leur globe et ne pas connaître la
configuration géographique de leurs propres
pôles aussi exactement que nous la connaissons nous mêmes! Les astronomes de Vénus,
également, se trouvent dans une situation
préférable à la nôtre pour observer les pôles

terrestres et constituer la géographie inté-
grale de notre propre patrie. '

Ajoutons, pour compléter la physiologie
spéciale de cette planète, que la nuance rougeâtre caractéristique de ses continents est
pour nous l'indice que la végétation quelconque dont ils doivent être revêtus, est colorée de cette nuance dominante. En réalité,
cette coloration est plutôt jaune que rouge.
Elle ne vient pas de l'atmosphère, puisqu'elle
est plus marquée au centre du disque, où
l'épaisseur atmosphérique à traverser est minimum, que sur les bords où cette épaisseur
est maximum. Cette coloration est à peu près
celle de nos céréales. Vu de ballon, un champ
de blé bien mûr rappelle exactement la nuance
de Mars.

Mais peut-être encore est-ce le mouvement
de ses deux satellites qui donne à ce monde
son caractère le plus original. Le premier circule dans le ciel de Mars à la distance de
6 000 kilomètres seulement de la surface,
avec une telle vitesse, qu'il fait le tour entier

de la planète en sept heures trente-neuf minutes! Comme la planète tourne sur elle-même en vingt-quatre heures trente-sept minutes, cette lune tourne beaucoup plus vite que la planète elle-même. Tandis que le soleil, à l'équinoxe, emploie douze heures pour aller de son lever à son coucher, de l'Orient à l'Occident, cette Lune, qui tourne dans le même sens que le globe de Mars, parcourt une demi-révolution en trois heures quarante-neuf minutes, de l'Ouest à l'Est, en sens contraire du mouvement apparent du Soleil. *Elle se lève au couchant et se couche au levant*, fait trois fois par jour le tour entier du ciel, et parcourt le cycle des phases en onze heures, chaque quartier ne durant même pas trois heures. Quel singulier spectacle!

Le second satellite gravite à 20 000 kilomètres de la surface de Mars et effectue sa révolution en trente heures dix-huit minutes. Ils sont si petits l'un et l'autre, qu'il est impossible de leur trouver un diamètre mesurable. Par la photométrie, on arrive à conclure que

si leur surface est analogue à celle de la
planète au point de vue de la réflexion de la
lumière, ils ne mesurent que dix à douze kilomètres de diamètre, à peu près la largeur de
Paris.

Ces deux petites lunes, aux phases rapides
et aux éclipses fréquentes, ajoutent au ciel de
Mars un attrait particulier. Quelquefois, le
soir, on admire après le coucher du soleil une
étoile lumineuse qui se dégage lentement des
rayons solaires pour venir régner en souveraine dans les cieux. Cette belle planète, qui
leur offre les mêmes aspects que Vénus nous
présente, et dont la douce lumière a reçu
aussi, sans doute, bien des regards d'admiration, bien des confidences, bien des serments
de l'adolescent amour, cette belle planète :
c'est la Terre où nous sommes. Les poètes de
là-bas la chantent comme une divinité pro-
pice et saluent en elle un séjour de paix, de
science et de bonheur. Les astronomes auront
découvert nos phases; peut-être auront-ils
mesuré la hauteur de nos Alpes et de nos

Cordillères; peut-être connaissent-ils exactement notre géographie et notre météorologie; peut-être nous font-ils depuis longtemps des signaux auxquels ils sont étonnés que nous ne sachions pas répondre; peut-être ont-ils conclu de leur long examen que la Terre est inhabitable, parce qu'elle ne ressemble pas complètement à leur monde, et déclarent-ils que leur patrie est le seul séjour organisé pour une vie agréable, idéale et intellectuelle... Après tout, ils ont peut-être raison, car (entre nous) notre humanité prise en bloc ne prouve pas encore par ses actes qu'elle se soit élevée au rang d'une race véritablement intellectuelle.

Observatoire de Juvisy, 1885.

★ ★ ★

6.

LA NATURE ET L'HOMME

UNE FORÊT VIERGE AU MILIEU DE PARIS

LA NATURE ET L'HOMME

Une forêt vierge au milieu de Paris

★ ★ ★

C'était par une belle journée de mai. A
travers l'atmosphère limpide, la douce illumination solaire s'était répandue comme un
calme rayonnement. Au bord de la Seine, le
Louvre et les Tuileries resplendissaient baignés de lumière, et déjà l'astre du jour décli-
nait assez vers l'occident pour colorer en
rose l'immense façade aux fines sculptures,
et pour se répercuter en mille reflets d'or
dans les hautes fenêtres du palais. Quelques
flocons de nuages dessinaient dans le ciel des
îles lointaines fraîchement colorées, et, aux
approches du soir, les oiseaux chantaient

dans les arbres, tandis que la brise printan-
nière, imprégnée du parfum des giroflées,
semblait répandre sur son passage des germes d'espérance et d'amour. La nature
nous donnait en ce moment l'une de ces
heures de tranquille volupté où chacun se
sent heureux de vivre, où l'homme, l'oiseau,
l'insecte, la fleur respirent le bonheur, où la
pierre elle-même paraît prendre part à l'allé-
gresse générale, et sentir les caresses des
rayons du soleil; heures charmantes entre
toutes, qui, par lueurs trop fugitives, nous
bercent mystérieusement dans la contemplation de l'infini.

Pendant que la nature était en fête, pendant que la terre roulait doucement autour
de son axe, en présentant successivement
tous ses méridiens à l'illumination féconde
du rayonnement solaire, les hommes, saisis
d'une sorte de surexcitation électrique, animés d'une sourde colère, devenus progressivement frénétiques et furieux, dansant et ges-
ticulant comme des forcenés — fous de rage,

— hurlant de fureur, — se précipitèrent violemment les uns contre les autres ; l'orage de la guerre civile couvrit Paris tout entier, les canons tonnèrent de toutes parts, les obus éclatèrent, crachant la mitraille, les morts et les blessés jonchèrent les rues, et l'incendie aux flammes dévorantes s'éleva à travers les fumées noires et empestées, illuminant de lueurs sanglantes le champ de bataille de la férocité humaine. L'âme de la nature s'était envolée, et le spectre de l'humanité planait sur la capitale du monde.

C'était le 24 mai 1871.

* *

Dix ans plus tard, en mai 1881, par une même journée d'été, éclairée des rayons du même soleil, je suivais les bords de la Seine, devant les ruines encore béantes du palais du Conseil d'État et de la Cour des Comptes, lorsque mon attention fut attirée par le

chant d'un oiseau perché sur un érable qui
avait poussé dans les ruines. L'oiseau chantait : il chantait le triomphe de la nature sur
les œuvres humaines. Il était là chez lui, au
milieu d'un bosquet solitaire.

Les murailles encore rougies et noircies des
traces de l'incendie restaient debout dans les
décombres, les ruines paraissaient immenses,
et la grandeur de l'édifice impérial était dou-
blée, décuplée par la sévère beauté de ces
murs, de ces voûtes, de ces arcs; elle était
centuplée par le silence de cette solitude.
Que les palais sont beaux dans les ruines!
Jamais cet édifice n'a paru si colossal, si prodigieux. Il semble, en parcourant aujourd'hui
ces salles désertes et solitaires, que l'on se
trouve soudain transporté dans les ruines du
Colisée de Rome ou du Forum de Pompéi.

Je pénétrai dans l'intérieur du palais et ne
fus pas médiocrement surpris d'y trouver,
dans les cours intérieures et extérieures, une
sorte de forêt vierge éclose là spontanément
et déjà d'une richesse abondante. Il en était

Helios. Arenta

Imp. R. Tuneur

RUINES A PARIS

de même aux Tuileries dont les cours intérieures éventrées aussi par l'incendie, dans la même convulsion politique, commençaient aussi à former une véritable pépinière. Ici, l'impériale splendeur a fait place à la morne solitude des tombeaux. Des érables, des platanes, des bouleaux, des ronces poussent au milieu des marbres qui jonchent l'emplacement de la salle des Maréchaux et de la chapelle. Mais cette pâle végétation est comme enfermée dans une prison. Au conseil d'État, au contraire, elle se développe librement, luxuriante, au souffle des vents fécondateurs.

Depuis la catastrophe, l'homme avait émigré de son propre domaine, là, au milieu de Paris. La nature, qui ne s'oublie jamais, quoique éternelle, a compté toutes les minutes, et elle a sans tarder reconquis son empire.

Le vent, la pluie, le soleil se sont mis à l'œuvre. Les voûtes se sont effondrées, le bitume s'est crevassé, les marches de granit se sont disloquées; après avoir voltigé sur les ailes du vent, les graines et les semences,

7

venues de fort loin, se sont arrêtées là, croyant
peut-être s'y reposer à l'abri des tempêtes;
mais elles ne s'y sont endormies un instant
que pour être réveillées par une résurrection
inattendue; et bientôt le tombeau de la civilisation humaine est devenu le berceau d'un
nouveau monde.

Il y a là toute une forêt naissante, qui déjà,
en certaines régions touffues, devient inex-
tricable, et qui se compose en réalité d'une
multitude d'arbres, d'arbustes et de plantes
herbacées d'espèces singulièrement variées.
On y trouve des platanes, des érables, des
saules, des bouleaux, des sureaux, des figuiers,
des pêchers, des framboisiers, de la vigne
vierge, de la clématite, des fougères ; le
lierre s'enlace à la cheminée sculpturale du
salon du Conseil d'État; la ciguë meuble les
corridors; les « pas d'âne », ironie du sort,
tapissent la salle des Fêtes; le trèfle des prés
couvre la cour d'honneur; la renoncule des
prairies s'est installée au boudoir; les orties
jonchent les dalles de la façade de l'est; les

coquelicots fleurissent à l'ouest; le plantain, le mouron, la douce-amère, les fraisiers, les asperges, les marguerites, les violettes, les pissenlits, la ronce et le chardon se sont substitués aux tapis d'Orient et aux parquets disparus.

Tout ce petit monde végétal s'est réinstallé tranquillement, consciencieusement, comme si ce vaste terrain occupé par les bâtiments du Conseil d'État et de la Cour des Comptes, n'avait pas cessé de faire partie du Pré aux Clercs, et sans souci de l'histoire des humains qui, depuis Louis XIV jusqu'à Napoléon III, l'avaient considéré comme leur propriété définitive.

Quelques-uns de ces arbres atteignent des dimensions surprenantes. A l'ouest, un érable mesure 8ᵐ50 de hauteur, et 33 centimètres de circonférence; au nord, un platane mesure 5 mètres du hauteur et 25 centimètres de circonférence; à l'est, un érable offre à peu près les mêmes proportions. Certaines clématites mesurent plusieurs mètres de longueur. Je le répète, c'est une véritable forêt naissante.

*
* *

Comment tout ce monde végétal est-il arrivé là? Certaines graines, telles que celles du platane, n'ont eu que la largeur du quai à traverser; car en cet endroit les platanes bordent la Seine sur une vaste étendue, les graines sont légères et le vent les emporte comme du duvet.

Les érables sont venus d'un peu plus loin; le sureau, le bouleau, le saule, de plus loin encore. Quant aux fougères, aux figuiers, aux asperges, aux framboisiers et à leurs congénères, c'est de la campagne qu'ils ont été apportés. Par qui?

Les oiseaux ont été les collaborateurs du vent pour les fruits et les graines trop lourdes. Il n'est pas douteux, par exemple, que nous devions les asperges aux sansonnets.

Ces petits oiseaux sont très friands des graines d'asperge, et tout en s'en régalant copieusement, ils ne les détruisent point, au contraire. La graine d'asperge digérée par le petit estomac, n'a pas perdu ses propriétés germinatives, et, restituée au sol, elle ne demande qu'à germer et à renaître. Or, précisément, tous ces étés, les nids de sansonnets ont foisonné dans ces ruines. Il en est de même des figues et de beaucoup d'autres plantes. La vigne a été apportée par le même procédé économique. On ne trouve dans cette pépinière naturelle ni marronniers, ni noyers, ni noisetiers, ni cerisiers, mais il ne faut pas désespérer de voir un jour les corbeaux, qui déjà se réunissent en bandes nombreuses dans les combles du palais, ajouter leur part à l'ensemencement de la forêt nouvelle *.

---

* Une visite rendue pendant le printemps de 1885, au moment de publier ce volume, n'a fait que confirmer surabondamment l'impression première. Les arbres ont augmenté de force et les arbustes sont de plus en plus nombreux. « Je mange depuis plusieurs années, me dit le gardien en me reconduisant, des fraises, des asperges et des figues, que personne n'aurait jamais eu l'idée de planter ici. » Un botaniste y a compté 158 espèces végétales, sans compter les mousses et les lichens.

*
* *

Ainsi la nature a repris ses droits, et sans bruit elle efface les monuments de l'humanité. Si, pour une cause ou pour une autre (tremblements de terre, incendie général, transport de la civilisation sous d'autres latitudes, etc.), Paris cessait d'être habité, l'herbe commencerait à croître dans les rues et sur les anciennes places publiques, des arbres et des plantes de toutes les espèces et de toutes les variétés s'élèveraient insensiblement à la surface du sol, et en quelques dizaines d'années, la grande capitale aurait fait place à une immense forêt vierge.

Quelques siècles suffiraient pour détruire à jamais la cité splendide et pour effacer l'éclat de son règne disparu. Il y avait autrefois des cités merveilleuses illuminées joyeusement aussi par ce même soleil qui nous éclaire. Le mouvement, la joie, le plaisir circulaient dans leur sein ; les sciences, les lettres, les arts, la politique y étaient cultivés avec un succès toujours grandissant, et il semblait qu'un tel triomphe ne dût jamais finir.

Cherchez aujourd'hui la fameuse bibliotheque d'Alexandrie, qui gardait le trésor de toutes les sciences de l'antiquité, cherchez les jardins suspendus de Sémiramis à Babylone ; cherchez les fastes de Memphis, de Thèbes, de Ninive, de Tyr, de Sidon ; cherchez les ruines de Troie !... Et pourtant toutes ces capitales datent d'hier. Qu'est-ce que trois mille ans dans l'histoire de la nature ? Le seul mouvement astronomique de la précession des équinoxes demande vingt-six mille ans pour s'accomplir.

La houille dans laquelle nous retrouvons aujourd'hui des rayons solaires emprisonnés depuis les beaux jours des forêts de l'époque secondaire, a employé deux millions d'années pour se former. Le soleil est allumé depuis plus de trois cent millions d'années. Trois mille ans, six mille ans, c'est une seconde.

Comme la goutte d'eau qui reflète l'immensité des cieux, cette petite forêt qui s'est formée spontanément depuis dix ans au centre même de Paris est une image des vicissitudes séculaires qui constituent l'histoire de notre planète et celle de l'humanité. Il y a vingt siècles à peine, Paris n'existait pas : quelques chaumières seulement s'étaient réunies dans l'île de Lutèce, autour d'un petit temple druidique, qui, sous les Romains est devenu le temple de Jupiter et sous les chrétiens l'église de Notre-Dame.

Les nations naissent, vivent et meurent, comme les êtres. Le jour viendra où il n'y aura plus ni Français, ni Allemands, ni Anglais, ni Italiens, ni Espagnols, mais seulement des Européens. Le jour viendra ensuite où le foyer de la civilisation traversera l'Atlantique pour briller aux États-Unis pendant plusieurs milliers d'années. Le jour viendra aussi où le voyageur, errant sur les collines qui entou-

rent Paris, s'arrêtera sur un monceau de ruines en cherchant la place où notre grande
cité aura, pendant tant de siècles, répandu sa
lumière.

Mieux encore. Les rivages de la mer se modifient d'année en année, le sol s'élève ou
s'abaisse, les terres riveraines de la Hollande
ne se soutiennent plus qu'à l'aide de leurs
digues; le cap de la Hève, au Havre, est rongé
par la mer, qui gagne plus de trente mètres
par siècle; les climats changent, la nature
transforme perpétuellement son œuvre. S'il
nous était donné de revenir ici dans quelques milliers d'années, nous serions assurément fort surpris de ne plus reconnaitre
aucun pays, de ne plus entendre aucune
langue et de nous trouver étrangers dans
notre propre patrie.

Les fourmis humaines s'agitent; la nature
immense nous emporte dans l'insondable mystère des destinées.

Il est regrettable que tous les amis de la
nature ne puissent pas aller passer une heure

de solitude au milieu de ces décombres : le silence qui plane dans ces ruines est plus éloquent que bien des discours.

Aux bords de la Seine, juin 1881*.

* * *

* Ces ruines existent encore au moment de la publication de ce volume (1885); la végétation y est encore plus touffue et plus multipliée, les arbres y sont encore plus élevés et plus forts; l'érable de l'ouest mesure 12 mètres de hauteur et 0^{m}50 de tour ; celui de l'est mesure 15 mètres de hauteur et 0^{m}40 de tour ; le platane du nord mesure 7 mètres de hauteur et 0^{m}27 do tour. La nature a repris tous ses droits.

UNE MER DE GLACE

AU CENTRE DE LA FRANCE

ÉPISODE DU GRAND HIVER

UNE MER DE GLACE AU CENTRE DE LA FRANCE

ÉPISODE DU GRAND HIVER

★ ★ ★

Pendant le grand hiver de 1879-1880, le froid atteignit une telle intensité que le thermomètre descendit jusqu'à 22 degrés à Paris, jusqu'à 25° à Saint-Maur, jusqu'à 28° à Longueville (10 décembre). La Seine, la Loire, l'Erdre, l'Aisne, l'Yonne, l'Oise, la Marne, etc., s'arrêtèrent dans leur cours. En janvier, il se produisit dans la Loire un phénomène extraordinaire, sans précédent dans l'histoire de France, et qui, selon toute probabilité, restera sans renouvellement pendant des siècles et des siècles. J'ai voulu observer ce spectacle et j'ai parcouru en long et en large ce vaste fleuve de pierre arrêté dans son cours. Si ce n'est pas littéralement assis sur un glaçon que j'ai écrit les lignes suivantes, c'est du moins d'une habitation dont les murs plongeaient dans l'étrange mer de glace qui remplaçait alors le beau fleuve de la France centrale.

★ ★ ★

Nous sommes à Villebernier, petit village en amont de Saumur, étendu sur la rive droite

8

de la Loire, et dont la situation doit être charmante lorsque dans les tièdes matinées de
mai le miroir des eaux reflète le ciel d'azur et
les collines verdoyantes, au milieu du chant
des oiseaux et du parfum des fleurs. Il paraît
aujourd'hui figé lui-même, pétrifié comme un
cimetière. Le ciel est terne, et à travers les
brumes froides et grises le soleil levant se
montre comme une orange suspendue au fir-
mament. Le vent souffle du Nord et le thermomètre marque douze degrés de froid. L'air
glacial que l'on respire pénètre jusqu'à la
moelle des os et fait frissonner l'organisme
entier. Là-bas, sur la colline, une douzaine de
moulins à vent tournent en grinçant des dents,
tandis que le vieux et lourd château de Saumur semble un donjon du moyen âge endormi, un géant des temps disparus, pétrifié lui-
même au-dessus de la ville qui, à quelques
kilomètres d'ici, s'agite dans les bruits du
matin comme une fourmilière au pied d'un
éléphant.

Aussi loin que la vue puisse s'étendre, en

amont comme en aval, on ne voit d'ici qu'un
désert morne et silencieux, chaos de pierres
blanches qui ressemblent à d'énormes plaques
de marbre écroulées les unes sur les autres,
et formant dans leurs amoncellements bizarres
et inattendus, ici des ravins profonds, là, des
collines adoucies, plus loin des pyramides
aiguës, là-bas une vaste plaine blanche parsemée de tombeaux. Nul bruit, nul mouvement,
pas une goutte d'eau, pas une branche d'arbre,
pas un oiseau. C'est la solitude polaire, c'est
la Sibérie glacée, c'est le désert sauvage où
l'homme semble arriver pour la première fois!
Où donc est la Touraine? Où donc est le jardin
de la France? Ces pierres s'amolliront-elles
jamais?

L'aspect qui frappe avec le plus de puissance l'esprit contemplateur, c'est cet état *solide* de l'eau, de l'eau qui pour nous est l'élément liquide par excellence. Nous avons là
sous les yeux des blocs immenses, énormes,
entassés les uns sur les autres, offrant l'aspect et la dureté du marbre, où rien ne rap-

pelle l'eau, l'élément liquide. Il y en a une
étendue de sept à huit cents mètres de large
et de quinze à vingt kilomètres de longueur,
étendue qui continue de s'accroître tous les
jours. De l'eau en blocs, c'est sans doute nor-
mal sur Uranus ou sur Neptune, où l'on bâtit
peut-être les édifices les plus solides, les villes
et les demeures avec cet élément minéral,
tandis qu'à l'opposé il y a probablement des
mondes sur lesquels nos pierres et nos métaux terrestres sont constamment à l'état liquide, formant des ruisseaux d'or, d'argent
ou de plomb, comme nous pourrions nous-
mêmes avoir ici des ruisseaux de mercure ;
l'état physique des substances, l'aspect solide,
liquide ou gazeux, n'est dû qu'à la température, et le même minéral affecte, sans changer de nature chimique, l'un ou l'autre de ces
trois états, suivant le degré de calorique ap-
pliqué à ses molécules, lesquelles se tiennent
ensemble ou glissent les unes sur les autres,
ou s'écartent en vapeurs, selon la force calorifique qui agit sur elles; mais quelque scien-

tifique que soit l'explication, quelque logique que soit le procédé, il n'en est pas moins vrai que de pareils aspects ont le droit de nous étonner et que nous n'avons guère l'habitude de voir l'eau entassée en blocs comme dans les assises et les éboulements d'une étrange carrière.

Il y a là plus de vingt millions de mètres cubes de glace (chaque mètre pèse 930 kilogrammes), c'est-à-dire que cette banquise représente quelque chose comme dix-neuf milliards de kilogrammes qui peuvent être soulevés par une crue et entraînés par un courant rapide auquel ni levées, ni digues, ni ponts ne sauraient résister. Et ce n'est là qu'une appréciation fort inférieure à la réalité, car le jour où je l'ai faite, la Loire continuait de charrier et d'augmenter la banquise. De fait, les glaçons se sont succédé jusqu'à Langeais, à plus de trente kilomètres de Saumur; la banquise s'étendait tout entière en amont et commençait à quelques centaines de mètres du pont.

8

Il a fallu un concours de circonstances difficiles à réunir pour amener la production de ce phénomène dans son imposante grandeur : un froid assez intense et assez durable pour geler la Loire; un adoucissement de la température et une débâcle; un abaissement du niveau des eaux permettant aux bancs de sable dont le fleuve est parsemé d'arrêter les glaces de la débâcle; des bancs de sable et des îles disposés justement en amont du pont, de manière à augmenter les obstacles et faciliter l'arrêt; puis, enfin, un regel immédiat et intense venant arrêter entièrement la débâcle et figer toute cette migration dans une sorte de catalepsie subite et fantastique.

*
* *

En effet, la Loire était prise, une couche de glace unie et compacte, épaisse de trente à quarante centimètres, permettait aux piétons et même aux attelages de passer d'une rive à l'autre ; au dégel les crues sont venues grossir les eaux du fleuve et soulever le couvercle de glace qui en comprimait le cours ; ce couvercle s'est fracturé, désagrégé, et la débâcle a commencé.

Le courant grandissant et tumultueux entraîna ces énormes glaçons qui s'entre-choquaient, se brisaient, s'écartaient, se rejoignaient pour se heurter encore.

Mais lorsque les premiers rangs de cette longue colonne de plus de trente lieues de longueur furent arrêtés, contre des obstacles inattendus, les autres rangs continuèrent d'avancer, se serrant d'abord en masse compacte, puis montant les uns sur les autres. En même temps, la crue augmentait toujours en amont, il y avait plus de trois mètres de différence de niveau d'eau entre les premiers et les derniers rangs de la colonne, et le fleuve irrité se précipitait dans toutes les directions pour se faire jour.

Alors, comme des jouets entre les mains d'un colosse furieux, ces milliards de kilogrammes d'eau pétrifiée furent lancés dans tous les sens, le fleuve déborda sur les prairies jusqu'aux levées qui protègent les plaines basses, et commença à se créer un nouveau lit sur la rive gauche au détriment du vallon qui le séparait de la colline. Depuis la Loire supérieure, depuis la Vienne et le Cher, les bancs de glace disloqués accouraient s'entasser les uns sur les autres, et une tourmente formidable emportait tous ces êtres furibonds... quand, à la nuit tombante, le Froid, semblable à la Mort, étendit sa main sur le fleuve et pétrifia soudain toute cette armée comme un champ de statues.

*
* *

Depuis, l'eau s'est abaissée de nouveau, la voûte a cédé, toutes ces statues sont tombées pêle-mêle les unes sur les autres, des blocs de marbre de cinq mètres de long sur deux de large et cinquante centimètres d'épaisseur sont restés dans la campagne, comme des blocs erratiques; toute la plaine en est parsemée, et le fleuve, en rentrant dans son lit, a dessiné ses rives par le dépôt des glaçons flottants, qui forment une muraille démantelée mais prodigieuse, dessinée à traits de géants dans un désordre inexprimable.

Quant au lit même du fleuve, que l'on se figure une mer tourmentée dont les vagues, dans un phénomène hypothétique, auraient été tout à coup saisies et arrêtées par un froid polaire; que l'on se figure des crêtes suspendues, des flots chevauchant les uns sur les autres, à travers des sillons pittoresques, que l'on se souvienne de la mer de glace de Chamounix, dépourvue du massif des Alpes, que l'on se rappelle les blocs de la forêt de Fontainebleau, entassés dans la vallée de Franchard, et l'on se formera une idée de ce tableau pittoresque des glaces de la Loire jetées dans ce cadre qui n'était pas fait pour elles et rappelant plutôt encore les plaines de la mer polaire que les montagnes de la Suisse ou de la Savoie.

Certains blocs m'ont arrêté des heures entières ; j'ai vu des cavernes sous lesquelles on
peut se tenir debout, des dolmens dans lesquels on peut s'étendre, des plaques transparentes de plusieurs mètres de longueur, dont
les cassures vertes rappellent l'émeraude. Des
feuilles mortes de saules, de peupliers, chauf-
fées par le soleil, ont fondu la glace au-dessous
d'elles et sont lentement descendues dans le
trou qu'elles creusaient elles-mêmes, jusqu'à
deux et trois centimètres de profondeur, dessinant exactement leur forme. Un grand nombre
de blocs ressemblent, à s'y méprendre, à du
camphre, d'autres au marbre de Carrare le
plus pur. Plusieurs ont une structure intime
bien remarquable : supposez un banc de verre
de vingt centimètres d'épaisseur, dont les
deux faces inférieure et supérieure sont parfaitement unies ; au lieu d'être homogène, l'intérieur est formé d'alvéoles verticales, irrégu-
lières, d'un centimètre de diamètre en
moyenne, comme si l'on coupait une tranche
horizontale dans un gâteau de cire d'abeilles ;

les feuillets qui forment ces polygones irréguliers sont d'un blanc mat, tandis que l'intérieur est transparent : j'ai trouvé des milliers de kilos de glace ainsi formée. Généralement les monolithes offrent une épaisseur de trente à cinquante centimètres, et proviennent de nappes de plusieurs centaines de mètres d'étendue ; quelques-uns ont plus d'un mètre d'épaisseur, mais dans ce cas la partie inférieure est formée de glaçons agglomérés. Il y a du reste là plusieurs espèces de glaces d'origine différente : glaçons formés d'abord au bord du fleuve, détachés par leur légèreté spécifique, charriés, puis soudés ensemble, quand la Loire s'est prise ; glaçons formés à la surface dans les eaux tranquilles de la Vienne et sur les prairies submergées ; glaçons relevés, mélangés et transformés par la catastrophe.

Des travaux ont été entrepris pour ouvrir un chenal, pour préparer à la débâcle un cours qui ne mette pas en danger les quartiers submersibles, pour faire sauter à la mine et à la dynamite des glaces que l'on détache ensuite et qu'on abandonne à la dérive, et l'on peut même remarquer que ces escouades de soldats disséminées sur la mer de glace, les explosions violentes qui lancent dans les airs de beaux feux d'artifices d'eau et de fumée, le tambour qui rappelle les héros quand la mine est allumée, ajoutent un certain pittoresque à la scène du glacier de Saumur. Mais ce sont là des jeux d'enfants. Ce que nous pouvons espérer, c'est de voir quelque jour un lent dégel se produire, sans grande crue et sans violence, ce qui n'est pas impossible, et la débâcle se former lentement et successivement [*]. Mais si un dégel subit et général amenait tout d'un coup trois mètres de crue, et si le courant était violemment dirigé vers la levée de Villebernier, rien n'y résisterait, ni villages, ni fermes, ni bocages, ni prairies, et dans certaines conditions que l'on peut prévoir, le fleuve pour-

---

[*] C'est ce qui est arrivé, et la débâcle n'a amené aucun désastre.

rait même abandonner son ancien lit pour s'en former un nouveau.

* * *

Du haut d'une terrasse qui domine la vallée, observatoire habité par une famille qui préfère le spectacle de la nature au tumulte du monde, je contemplais un soir ce vaste champ de glace étendu à mes pieds. Le soleil, qui s'était couché dans un lit de nuages, avait fait place à la pleine lune, se levant éclatante à l'orient. Sa fantastique clarté, dominant le silence de la nature, doublait les ombres et les silhouettes de l'immense cimetière, et l'on songeait que dans l'avenir notre planète arrivée à son dernier jour se montrera entièrement enveloppée de ce même linceul. Mais alors nos derniers descendants n'auront plus de printemps à espérer, tandis que dans trois mois les bords de la Loire refleuriront comme l'an passé : dans ces prairies parsemées aujourd'hui de monuments funèbres, sous les arbres au tremblant feuillage, les fiancés viendront s'asseoir au milieu des joies de la nature et des sourires du ciel. La nature est grande et l'homme est son jouet.

Au bord de la Loire, Saumur, janvier 1880.

✿ ✿ ✿

PAYSAGES

I

DANS LES MONTAGNES

Celui dont la vie s'est écoulée au sein des pays de plaines, devant la vaste étendue des régions uniformes aux abondantes prairies, aux champs fertiles ; celui qui n'a point vécu dans la contemplation des hautes montagnes blanchies de neige, des chaînes tortueuses aux versants abrupts, des roches tourmentées où de rares sapins végètent immobiles, des glaciers aux vertes cassures et des lacs bleus étendus sous la lumière du ciel : celui-là ne saurait comprendre le caractère de grandeur, de majesté, de domination qui appartient aux montagnes, à ces géants issus des convulsions du globe. Là-haut, sur ces sommets baignés dans l'azur céleste, l'âme humaine plane au-dessus des petits mouvements moléculaires qui agitent la surface terrestre. Dans l'aérostat

9.

solitaire emporté par les vents à travers les hauteurs de l'atmosphère, le regard déployé sur la Terre donne à l'esprit une idée brillante de la vie, et de plus une impression de contentement indéfinissable, de pleine quiétude, de joie intime, résultant de la situation particulière en laquelle on se trouve au-dessus du monde humain et de ses vicissitudes. Sur les montagnes, l'impression est plus sévère et moins personnelle, car on sent plus solidement autour de soi le règne des forces physiques en action dans la vie du globe.

A mesure que nous nous élevons, traversant des zones de température moyenne décroissante, nous remarquons la série des arbres et des plantes, qui se succèdent suivant le climat des zones, et nous faisons en huit ou dix heures un voyage vers le froid, absolument semblable à celui que nous pourrions entreprendre en nous dirigeant vers les pôles. Dès qu'une montagne dépasse, en nos climats, dix-huit cents ou deux mille mètres, l'ascension fait passer en revue la curieuse succession des végétaux, jusqu'à leur disparition complète.

Parfois, comme au Righi, les sapins qui règnent seuls à la dernière limite s'arrêtent tout
d'un coup en se rapetissant soudain, et diminuent si vite sous l'action mystérieuse du
climat, qu'à la hauteur d'un seul sapin au-dessus
d'arbres encore fort respectables on ne trouve
plus que des arbustes et de la broussaille.

Parfois, comme au Saint-Gothard, après avoir
gravi pendant des heures entières des roches
dénudées et stériles, et suivi les abîmes d'un
désert sauvage sillonné par les torrents aux
chutes retentissantes, après avoir laissé les
bancs de glaces s'éclipser derrière les crêtes
déchirées, on arrive sur de verts pâturages,
arrosés par une eau cristalline et déployés
comme d'opulentes prairies sur ces plateaux
élevés.

Mais là encore un grand contraste attend
l'œil observateur. Ces verdoyantes prairies
s'étendent jusqu'aux noirs rochers ou jusqu'aux neiges éclatantes sans qu'un seul
arbre vienne y donner son ombre, et sans que

nul rameau au tremblant feuillage y appelle la douce rêverie et le repos.

La sévérité règne là comme sur les cimes alpestres dont le pas cadencé du chamois traverse seul l'inaltérable solitude.

Ce qui frappe le plus profondément l'esprit humain dans la nature de ces géants de pierre, debout devant les nations, c'est l'œuvre qu'ils accomplissent en silence dans leur immobilité séculaire.

Sont-ils inertes? passifs? stériles? inutiles? Leurs têtes chargées de neiges, enveloppées du suaire glacé des nuages, sont-elles endormies comme celles des Pharaons ensevelis dans les pyramides? Que font-ils là, ces êtres mystérieux, qui vivent dans la région intermédiaire entre la terre et les cieux, ces colosses de granit aux pieds desquels les armées humaines sont comme une poussière de fourmis? — Ils agissent, ils régissent, ils gouvernent le monde.

Rois de l'Atmosphère, frères de l'Océan, c'est à eux qu'est réservé le soin de distribuer à la terre la sève des existences. Ils ont le calme austère de la mort, et la mort qui les environne est la source de la vie qu'ils dispensent. Vie et mort s'engendrent mutuellement.

Les nues élevées du sein des mers vont se condenser à l'état de neige sur les cimes alpestres qui les arrêtent, et successivement amoncellent une eau solide, qui résiste là-haut au tourbillon de la nature. Ici et là les bancs de glaces assoupis dans les hauteurs silencieuses se réveillent; une source gazouille, et toute jeune, fraîche, infatigable, se trace un chemin en chantant. Elle appelle ses sœurs, et voilà que plusieurs minces filets d'une eau argentée se réunissent et courent ensemble vers les belles campagnes que déjà l'on aperçoit. De crête en crête ils jaillissent et tombent en cascades neigeuses, et de roc en roc descendent jusqu'aux plateaux où naissent les torrents écumeux. Voici des lacs transparents encadrés de leurs montagnes, et qui semblent sourire doucement au ciel. Les nuages s'y mirent en passant — nuage et lac ne sont-ils pas jumeaux, et, comme Castor et Pollux, ne prennent-ils pas tour à tour leur place réciproque?

Les rives escarpées balancent sur leur miroir les rameaux des plantes, et leurs rochers nus y reflètent leurs flancs sauvages. Mais l'eau continue de chercher les plaines basses, qui l'attirent sans cesse. Elle forme alors ces cours d'eau qui jouent un si grand rôle dans l'histoire politique des nations.

Là, elle trace le Rhin, éternel sujet de guerre entre les politiqueurs qui habitent l'une et l'autre rive, et par ce chemin septentrional va retourner à l'Océan en s'approchant du pôle. Ici, le glacier du Rhône ouvre le cours du fleuve qui descendra arroser les plaines fertiles du midi. Et ainsi, tout en retournant au sein des mers par son mouvement éternel, l'élément liquide dessine sur la carte du monde les lignes diverses dont l'humanité, pacifique ou belliqueuse, mais presque toujours belliqueuse et faible, composera ses annales.

De quelle importance sont donc ces massifs gigantesques dans l'histoire entière du monde ! Quelle œuvre perpétuelle n'accomplissent-ils pas au-dessus, au-dessous et au milieu de nous ! œuvre incessante et fatale qui nous domine singulièrement, nous, pauvres êtres mortels. Tout ce grand mécanisme fonctionne, de la mer à l'atmosphère, de l'atmosphère aux montagnes, des montagnes aux plaines et à la mer, sans que notre race joue là le moindre rôle.

Les nuées s'élèvent, la pluie tombe, la foudre retentit, la neige s'enroule aux fronts des cimes, les vents naissent et circulent, les eaux voyagent lentement dans les lacs, bruyamment dans les torrents, lourdement dans les fleuves, la verdure décore les collines et les vallées, le ciel s'anime, le soleil brille... et tout ce mécanisme colossal, immense, universel, marche sans cesse, étranger à nos petits mouvements lilliputiens et à notre propre existence, nous enveloppant dans sa succession, calme, austère, supérieur à nous, et continuant son cours sans s'inquiéter de notre histoire..

Ainsi tout marchait sur la Terre avant l'apparition de l'homme, pendant des milliers de siècles, où la nature agissait ainsi pour elle-même, sans que nulle pensée humaine fût là pour se reposer sur son sein et regarder le ciel. Ainsi le mécanisme du monde continuera sa marche lorsque nous n'y serons plus, lorsque les générations de l'avenir auront disparu à leur tour et lorsque la race humaine sera éteinte sur cette terre.

Vous avez vu bien des âges, ô montagnes solitaires qui trônez dans les nues! Vous avez vu les campagnes qui se déroulent à vos pieds sans troupeaux et sans travailleurs; vous avez vu vos lacs sans nacelles et sans hymnes; vous avez vu les fleuves sans villes à leurs bords et la terre sans hommes. De nouveau vous reverrez ces solitudes dans l'avenir. Vous ne savez pas qu'il y a actuellement des hommes qui vous contemplent, et peut-être est-ce identique qu'il y en ait ou qu'il n'y en ait pas!

Nulle description ne saurait rendre la merveilleuse beauté de certains paysages du soir dans les Alpes. C'est un monde de grandeur et de douceur, de sévérité et de tendresse, un singulier mariage du pouvoir majestueux avec la suave délicatesse, un ensemble à la fois formidable et charmant que l'œil surpris contemple fasciné sans pouvoir d'abord le bien comprendre. Nature! ô grande nature! combien est petit le nombre des âmes qui savent entendre tes paroles! Parfois les plus magnifiques spectacles passent inaperçus devant nos yeux aveugles; parfois le moindre trait de lumière frappant nos regards nous met soudain en communication avec toi, et nous fait entrevoir ta beauté à travers les fluctuations des mouvements terrestres... Un jour d'équinoxe de septembre, j'avais étudié les effets du coucher du soleil sur les cimes éclatantes de la Jungfrau, de l'Eiger et du Monch. Derrière la chaîne de l'Abendberg (mont du soir) qui borde au sud le silencieux lac de Thun et dont les sommets lointains se

10

découpaient sur l'horizon pâle comme de hautes dents noires, l'astre du jour était lentement descendu. Les trois montagnes de neige que je viens de nommer restaient seules éclairées derrière un premier plan sombre et déjà brumeux, et par un effet singulier, l'éclairage oblique de la Jungfrau lui donnait exactement l'aspect d'une montagne de la lune, de ces vastes cratères blancs circulaires et bordés d'une ombre noire échancrée. Douze minutes après le coucher du soleil pour la plaine d'Interlaken, la dernière pointe de l'Eiger perdit sa blancheur et devint rose; une minute après ce fut le tour du Monch, et deux minutes plus tard celui de la blanche Jungfrau, vierge baignée dans l'azur, qui pendant quelque temps trôna seule dans le ciel, légèrement colorée d'une douce nuance rose pâle. Quelques minutes après, les trois Alpes s'illuminèrent de nouveau et brillèrent comme des montagnes roses; puis, comme par le passage d'un génie malfaisant dans les hauteurs de l'atmosphère, elles parurent mourir

tristement et perdirent leurs teintes chaudes
et vivantes pour s'envelopper de la sombre et
verdâtre pâleur d'un cadavre.

J'avais assisté, dis-je, à ce coucher de soleil,
et de mon observatoire improvisé sur une
colline de sapins, j'étais redescendu au lac en
suivant le sentier qui mène aux ruines d'un
antique castel. Un pont de bois jeté sur l'Aar
traverse le fleuve rapide et solitaire. La nuit
tombait. Les clochettes colossales suspendues
au cou des vaches semaient dans le lointain
les perles sonores de leur timbre pastoral. Le
parfum sauvage des plantes alpestres descendait dans la plaine sur les ailes d'une brise
imperceptible. Il semblait qu'un recueillement
immense enveloppait la nature entière, et le
promeneur isolé dans ces campagnes ne pouvait que songer avec mélancolie à la succession rapide et fatale des jours, des saisons et
des années.

Tout à coup, au détour d'un sentier bordé
de buissons et d'arbustes, ma vue jusque-là
masquée par ces haies eut devant elle le pa-

norama tout entier du lac, de la plaine de roseaux, des collines boisées et, dans le fond du paysage, là-bas, à plusieurs lieues de distance, des trois géants blancs debout dans le ciel.

Oui, comme trois géants impassibles, le Moine, l'Aigle et la Vierge étaient là, silencieux, le front baigné dans les hauteurs, la tête ceinte de glaces éternelles, regardant autour d'eux la succession des choses éphémères, et dominant tout par leur âge comme par leur taille. A leur droite, le mince croissant de la lune flottait comme un filet d'argent fluide et transparent. Les plus belles étoiles s'allumaient dans les cieux... Quelle peinture, quelle description sauraient reproduire de tels tableaux, rappeler de telles heures? La musique, la suave mélodie de la pensée rêveuse pourrait seule peut-être nous en donner la ressouvenance.

C'est un spectacle admiré depuis longtemps que celui de l'illumination des Alpes. L'une de ses manifestations les plus éclatantes est certainement celle qui se produit sur le massif du Mont-Blanc vu de Genève.

L'ombre monte rapidement sur le flanc des chaînes ; la chaleur des teintes s'évanouit ; une nuance sombre, uniforme, et terne la remplace, et c'est par ce passage rapide d'un état à un autre aussi différent, que l'on peut apprécier avec certitude, pour chaque lieu, le moment précis où son éclairement doit cesser. Cette extension progressive du domaine de l'ombre est accompagnée d'une augmentation apparente dans l'éclat, la vivacité et la coloration des parties encore éclairées, produite par le contraste. Alors les neiges des montagnes éloignées et éclairées ont une couleur d'un jaune orangé vif, et les rochers de ces montagnes ont une teinte plutôt d'un orangé rougeâtre. Lorsque les contreforts inférieurs des Alpes, au-dessous des neiges éternelles, sont entièrement dans l'ombre, les rochers, et surtout les neiges de la chaîne centrale, prennent un ton de plus en plus intense et plus rouge ; sur les neiges, c'est un rouge

10.

aurore ; sur les rochers, une teinte analogue, mais un peu grisâtre. Pénétrés, comme ils le sont tous, neiges et rochers, par cette même clarté, leurs diverses nuances s'harmonisent merveilleusement ensemble.

Environ 24 minutes après le coucher du soleil, le Mont-Blanc reste seul éclairé lorsque tout le reste de la surface de la terre est plongé dans l'ombre ; il brille d'une vive lumière d'un rouge orangé, et, dans certaines circonstances, d'un rouge de feu comme un charbon ardent. On croit voir alors un corps étranger à la terre.

A partir du moment où l'ombre a recouvert les cimes neigées, un changement frappant s'est opéré dans l'aspect de chacune d'elles, à mesure qu'elle s'obscurcissait. Ces couleurs si brillantes et si chaudes, cet effet si harmonieux d'éclairement et de coloration qui confondait les neiges et les rochers dans une même teinte aurore dont ils ne présentaient que de simples nuances, tout s'est évanoui pour faire place à un aspect que l'on peut nommer vraiment cadavéreux ; car rien n'approche plus du contraste entre la vie et la mort sur la figure humaine, que ce passage de la lumière du jour à l'ombre de la nuit sur ces hautes montagnes. Alors les neiges sont devenues d'un blanc terne et livide, les bandes et les pointes des rochers qui les traversent ou qui en sortent ont pris des teintes grises ou bleuâtres, contrastant durement avec le blanc mat des neiges. Tout effet a cessé, tout relief a disparu ; plus de contraste d'ombre et de clair, plus de contours arrondis ; la montagne s'est aplatie et paraît comme un mur vertical [*].

On observe un effet identique, de la terrasse de l'Observatoire de Nice, sur les montagnes de l'Esterel, dont les perspectives varient, au coucher du soleil, comme des plans de décors. Un troisième état de lumière va succéder, qui ajoute encore à la grandeur de cette contemplation.

[*] DE SAUSSURE. *Voyages dans les Alpes.*

La partie du ciel voisine de ces monts, et
sur laquelle ils se projettent, a pris, depuis la
décoloration et l'obscurcissement des montagnes, un éclat toujours plus vif et une couleur toujours plus rouge. Si l'on continue à
l'observer attentivement, on voit, une ou
deux minutes après que la lumière s'est
éteinte du haut Mont-Blanc, paraître, dans
la partie inférieure de ce ciel rouge, une zone
horizontale, obscure, bleue, d'abord très
étroite, mais qui augmente rapidement de
hauteur et semble chasser en haut les vapeurs
rouges dont elle prend la place. Cette bande,
c'est l'ombre de la terre qui monte à mesure
que le soleil descend.

Enfin, lorsque la zone horizontale bleue a
dépassé le sommet du Mont-Blanc, soit lorsqu'il s'est écoulé en moyenne 33 minutes depuis que le soleil s'est couché pour la plaine,
alors on voit les neiges se colorer de nouveau,
recouvrer en quelque sorte la vie, les montagnes reprendre du relief, un ton chaud, une
teinte orangée, quoique bien plus faible qu'a-

vant le coucher du soleil; on voit les contrastes entre les rochers et les neiges disparaître,
les premiers prendre une couleur plus chaude
et plus jaune, et s'harmoniser de nouveau
avec les neiges. Peu à peu, ce même effet se
produit sur des montagnes plus rapprochées,
et demeure jusqu'à la nuit close.

Les montagnes sont l'image de la vie. Et
elles sont aussi l'image de la mort.

* * *

LE NID DE ROSSIGNOLS

Dans un modeste petit bois dont les oiseaux me connaissent, j'ai devant moi un nid de rossignols. Quatre petits, nus et tremblants, sont là serrés les uns sur les autres, si pressés qu'on distingue à peine seulement leurs grosses têtes et leurs yeux noirs, plus gros encore. Ils sont éclos d'avant-hier et d'hier, ne voient rien et ne savent pas encore s'il y a des arbres et de la lumière. Ils périraient bien vite s'ils étaient abandonnés. Mais le cœur de leurs jeunes parents bat pour eux d'une tendresse vraiment maternelle. Ils sont là tous les deux, le père et la mère, debout sur les bords du nid, tout auprès l'un de l'au-

tre. Ils penchent leurs becs vers les quatre
grands becs ouverts des petits ; il faut voir avec
quelle singulière énergie ceux-ci allongent le
cou ! Et le père et la mère, qui ont fait des pro-
visions dans leur gorge, leur versent ainsi depuis plusieurs minutes la première nourriture,
le miel. et le lait de leur alimentation future.
Quelle charmante famille, et comme ils ai-
ment la vie tous les six ! Les rayons du soleil
pleuvent à travers les branches et les parfums
s'élèvent de la vallée ; c'est la vie se jouant
dans la lumière, dans la douce chaleur de
mai. Parfois le petit père et la petite mère sus-
pendent leur distribution et contemplent leurs
nouveau-nés avec cet air de contentement et
ces gentils mouvements de tête que l'on connaît aux oiseaux. Ils se regardent aussi tous
les deux en silence, et leurs têtes charmantes
s'approchent encore l'une de l'autre. Ils confondent leurs becs comme dans un baiser d'a-
mour. Puis voilà qu'ils se consultent. Un
nuage rafraîchit l'atmosphère. Le père s'est
envolé ; la jeune mère est doucement descen-

due, en pliant ses pattes, sur les petits qui tremblaient; elle les couvre de ses ailes et remplit le nid à elle toute seule, comme une petite fille qui étale sa belle robe. Toutefois sa tête est assez haute pour qu'elle puisse voir par-dessus le bord du nid et observer les environs. Mais voici le rossignol qui revient. Il se pose encore comme tout à l'heure sur le bord du nid. Il penche son bec vers celui de sa compagne. C'est maintenant le dîner de la couveuse. Il lui présente les mets qu'elle préfère : elle n'a pas besoin de se déranger. Il paraît qu'elle ne déteste pas cette manière de vivre, car elle aspire avec une sorte d'ivresse le trésor qu'on lui destine; ses ailes tremblent; tout son petit corps palpite. L'époux va et revient vite, et lui apporte ainsi dans son bec un dîner complet. Ils ont beaucoup à travailler tous les deux pour soigner leur jeune famille. Aussi sont-ils sérieux maintenant. Il y a quinze jours à peine, ils passaient la journée entière à jouer, à sauter de branche en branche, à se poursuivre, à chanter, à s'aimer. Maintenant

LE NID DE ROSSIGNOIS

on ne joue plus ; on ne danse plus ; on ne
chante plus ; on ne s'aime plus de la même
façon ; on est père de famille ; on est chargé
d'une génération nouvelle. Tant que ces chers
petits seront privés de plumes, il faudra leur
mettre dans le bec ce qui convient à leur âge.
On est inquiet sur la destinée qui les attend.
On les aime, et peut-être ceux-ci ne compren-
dront-ils pas cette affection de leur mère.
Peut-être s'envoleront-ils aussitôt que cette
même mère leur aura appris à se servir de
leurs ailes, et l'abandonneront-ils dans une
subite solitude sans se souvenir de leur enfance. « L'affection, comme les fleuves, descend et ne remonte pas... » A quoi pensent aujourd'hui ce rossignol et sa compagne? Sans
doute, ils n'ont pas devant leur inquiétude
l'établissement futur de leurs fils et de leurs
filles, les professions sociales, les principes
de l'honneur qui doivent diriger toute carrière. Sans doute ils ne sont pas tourmentés
par les calculs d'intérêt qui préoccupent souvent faussement les pensées humaines. Mais

à quelle école l'épouse qui n'est pas encore mère a-t-elle appris l'élégante construction du nid où elle déposera ses œufs. Elle est âgée d'un an et n'a point couvé encore. Qui lui a enseigné qu'elle devait construire ce nid tel qu'il est et non autrement? Qui lui a parlé de la chaleur d'incubation nécessaire à l'éclosion de l'œuf fécondé, et qui lui a dit qu'en restant quinze jours couchée sur ces œufs, elle les ferait éclore? Situation énervante, malgré le soulagement qu'elle en ressent, et insupportable pour sa vivacité, si un ordre instinctif ne la soutenait. Et quand les œufs furent éclos, qui lui a dit qu'elle devait se retirer du nid, et que ces petits êtres étant vivants et devant vivre, il fallait leur chercher la nourriture convenable? Qui la force maintenant à passer quinze nuits encore les ailes étendues sur le nid, dans la position la plus fatigante qu'on puisse imaginer pour un oiseau qui doit dormir sur ses pattes? Mais, remontons plus haut encore. Qui construisit l'œuf, berceau d'une génération future?

Qui créa le germe et le plaça au centre de cet œuf? Par une puissance mystérieuse, un être de même nature que le père et la mère va se mouvoir dans ce fluide ; le jaune d'œuf va subir la plus merveilleuse des métamorphoses : il deviendra vivant! Lorsque la transformation sera accomplie, un petit oiseau sera là. Il est encore trop faible pour être exposé au dehors, aussi ne sort-il pas encore. En attendant, voici le blanc d'œuf qui l'entoure, et cette albumine est précisément la nourriture qui lui convient en attendant sa naissance. Il se nourrit du blanc d'œuf. Peu à peu, il se forme entièrement ; les ailes et les pattes sont dessoudées, la tête se relève de la poitrine ; il ne demande plus qu'à sortir de sa prison. Or son bec se revêt pour cela d'un émail qui tombera après l'éclosion ; de ce bec il se met à casser la coquille, et le voilà qui en vient à bout et passe sa tête. Il s'aide des ailes et se délivre tout à fait... Nid de rossignols! tu es pour moi aussi grand que le système solaire tout entier avec tous ses mondes, et tu me parles plus intimemement. Tu me dis en ton doux langage que Celui qui a créé le rossignol a voulu que sa note restât dans les chants du soir, et que la Force mystérieuse et sublime qui a créé le monde lui a donné les lois de sa conservation. Nulle idée n'est plus simple ni plus majestueuse que celle-ci ; nulle ne satisfait mieux notre besoin de connaître. La nature est vraiment belle ; loin de détourner les yeux toutes les fois que nous rencontrons une forme sensible de la beauté éternelle, admirons-la, et reconnaissons-la aussi sincèrement que la vérité mathématique. La nature n'est-elle pas notre mère ? Avons-nous jamais passé d'heures plus délicieuses et plus instructives que celles de nos entretiens intimes avec elle, au fond des bois silencieux ?

★ ★ ★

III

LA SEINE A PARIS

Un jour de lumière d'automne, à Paris, avant le coucher du soleil, je contemplais la Seine de la balustrade du pont de l'Institut, d'où la vue est parfois extraordinaire. Le couchant empourpré versait une lumière rosée sur les nuages moutonneux qui parsemaient l'azur, et cette lumière venant baigner l'atmosphère de la grande ville colorait d'un aspect magique les édifices inondés de clarté. Le fleuve, comme un large ruban, descendait lentement vers l'ouest, allant se perdre dans le vague lointain où se mariaient la lumière et l'ombre. A ma gauche, le dôme ombré surplombait les édifices, et plus loin, deux flèches gothiques perçaient le ciel. A ma droite, les fenêtres du Louvre, en-flammées d'une illumination féerique, don-

11.

naient à l'antique édifice une étendue déme-
surée; le bois sombre des Tuileries et les
hauteurs vaporeuses d'une colline plus éloignée allongeaient la perspective jusqu'aux
brumes de l'horizon. Ce panorama présentait
un double sens : c'était la grande idée de la
nature planant sur le grand fait d'une ville humaine. Peu à peu, je me trouvai identifié à
cette apparition de l'existence simultanée de
la nature et de la ville, existence permanente
et déjà vieille, mais dont le contraste ne m'a-
vait pas encore frappé aussi vivement. Et
comme je contemplais ce double spectacle, je
suivais les mouvements apparents et réels de
la nature. Le soleil descendait lentement derrière les collines, les nuées se coloraient d'une
teinte plus rose, le fleuve coulait doucement
vers la mer lointaine, l'air rafraîchi était traversé d'une brise semblable à une respiration :
or ce mouvement général m'impressionnait,
car il s'étendait dans ma pensée à la nature
entière et me développait la circulation générale de la vie sur la Terre. Mais la cause prin-

cipale de mon attention était la pensée que
tout ce vaste mouvement s'accomplissait
comme si l'homme n'était pas là. Au milieu de
Paris, l'homme parut un zéro dans la nature.
Les promeneurs qui passaient derrière moi sur
ce même pont, n'admiraient certainement pas
ce beau coucher de soleil. Les gens d'affaires
vaquaient aux obligations de leur genre de vie.
Les deux à trois millions d'individus qui four-
millent dans l'enceinte des fortifications ne
me représentaient rien autre chose qu'un tourbillon passager à la surface de ce point du
globe. Et je me disais : la Terre roule ainsi sur
son orbite, présentant tour à tour chaque pays
du monde à la fécondation solaire ; les nuages
parcourent l'atmosphère ; les plantes suivent
le cycle des saisons ; les fleuves descendent à
la mer ; les jours et les nuits se succèdent ;
l'harmonie terrestre suit son cours régulier et
perpétuel : — mais pourquoi cela existe-il?
Les insectes déchirent de leurs mandibules
les pétales des fleurs, les petits oiseaux bec-
quètent les insectes, l'épervier ouvre le ventre

des oiseaux, les. lions rugissent dans les déserts, et les baleines se font la chasse dans l'immensité des mers : — mais *pourquoi* cela existe-t-il ?. Les sources limpides posent dans la solitude des bois de charmants miroirs encadrés de pervenches ; les ruisseaux gazouillants descendent en chantant la colline ; les rivières argentées abandonnent leurs flots aux grands fleuves pour tomber avec eux dans l'abîme des océans et y perdre leur nom et leur existence ; de riches et magnifiques bouquets naissent et meurent au fond obscur des mers, visités seulement par les madrépores ou le corail, et sous l'attraction céleste, le flux et le reflux des mers balancent d'un continent à l'autre leur masse lourde et insondée : — mais à quoi tout cela sert-il ? Cette vaste nature marche impassiblement comme un mécanisme colossal, les choses se renouvellent sans cesse, l'homme lui-même n'est qu'un atome éphémère qui paraît et disparaît aussi vite. De cet immense univers, l'homme ne connaît presque rien, quoique croyant connaître tout, et d'ail-

leurs il emploie sa vie à de bien autres préoc-
cupations. Avant la création de l'homme,
toutes ces harmonies se faisaient entendre
comme aujourd'hui : Pour quelles oreilles?
Tout cela existait avant lui ! Tout cela exis-
terait sans lui ! Tout cela existera après lui!
Pourquoi cette création est-elle ici? Pourquoi ma pensée, sondant cette profondeur,
n'admet-elle aucune réponse? Pourquoi Dieu
a-t-il créé cette terre et la multitude infinie
des autres mondes? Et pourquoi, voyant l'inquiétude de nos âmes, les laisse-t-il se perdre
dans l'abîme de l'ignorance, comme si nos
pensées n'avaient pas plus d'importance à ses
yeux que le grain de poussière emporté par le
vent, ou que la goutte d'eau perdue dans le
fleuve à mes pieds ?... Pourquoi cela existe-t-il?
A quoi cela sert-il? Qu'est-ce que cela peut faire
à Dieu qu'il y ait un monde, cent milliards ou
rien? Quel est le but de cette œuvre? Encore
une fois, à qui et à quoi sert-elle, et pourquoi,
ô inconnu! pourquoi la création existe-t-elle?
Ce formidable ensemble a un but pourtant...

La nature voilée se tait sur le problème qui nous enveloppe et nous anéantit.

Ce jour-là, je m'éloignai silencieux, les yeux aveuglés et incapables de rien voir. Le soleil se coucha, la Seine continua silencieusement son cours, le manteau du soir s'étendit sur la grande ville, et je me perdis bientôt dans les bruits qui avaient un instant cessé de se faire entendre pour moi. Depuis, bien souvent, les mêmes réflexions sont venues m'assaillir; bien souvent, je me suis senti arrêté sur mon chemin par cette insondable interrogation : *Pourquoi le monde existe-t-il?* Et toujours le vide et le silence sont tombés dans mon âme. Hélas! si je l'avouais, je pourrais encore ajouter qu'une question bien plus terrible et bien plus inquiétante a parfois succédé à la précédente. En suivant ce mouvement impassible de la nature, mon âme parfois devança les temps, et se demanda où elle serait dans cent ans d'ici. Et poursuivant son regard en avant, elle se demanda avec un indéfinissable sentiment de terreur où elle sera dans

mille ans. Et perpétuant son essor, elle vit que
dans cent mille ans elle existera encore, et se
demanda ce qu'elle sera à cette époque. Et
sondant l'abîme plus loin et plus loin, elle se
porta, infatigable, à un million d'années. Et au
delà de cette ligne, au delà de ce point déjà
inaccessible pour la pensée même, elle imagina
une nouvelle ligne de même longueur; puis au
second million d'années, elle en vit succéder
un troisième, un quatrième, un dixième, un
centième. Et déjà dans l'éternité, elle s'aperçut
que le temps n'existe pas, et que l'éternité
est immobile!... Dois-je dire que parfois cette
dernière pensée devenait si effrayante devant
l'inexorable destinée qui nous attend, qu'elle
faisait disparaître en moi le sentiment de ma
propre personnalité, comme si vraiment ce tableau insoutenable nous invitaità espérer le repos dans la mort, ou comme si cette contemplation, étant trop vaste pour un cerveau d'homme,
avaitbrisé ce cerveau et m'avait rayé du nombre
des intelligents... Peut-être ai-je tort de vous
entretenir ainsi de mes impressions person-

nelles. Mais au fond ce n'est pas ici une question de personnalité, c'est une étude analogue
à celle de l'anatomiste qui sonde profondément
une plaie inconnue. Et si l'astronome se fonde
sur ses propres observations pour fixer son système, si le chimiste parle d'après le témoignage
de son creuset et suivant ses analyses particulières, si le physicien examine la nature par
l'expérience de ses propres yeux, n'est-il pas
naturel que le penseur rapporte comme eux le
résultat de ses réflexions individuelles, et que
parfois il confie à ceux qui l'entendent les in-
quiétudes et les labeurs de son âme? Du moins,
c'est ici l'acte d'une profonde sincérité, et le
gage d'une parole indépendante qui n'est
l'écho d'aucun parti, d'aucun système.

Oui, ce problème immense de la destination
générale du monde nous enveloppe dans ses
profondeurs, et nous ne pouvons ni le juger
ni le résoudre. Nous sommes emportés par lui,
comme l'infusoire microscopique perdu au
sein des eaux, et qui tenterait de se rendre
compte du flux et du reflux des mers.

IV

LA PRIÈRE UNIVERSELLE *

Un soir d'été, j'avais quitté les versants
fleuris de Sainte-Adresse, délicieuse villa maritime suspendue sur le hamac des collines,
pour gravir à l'occident les hauteurs du cap
de la Hève. Lorsqu'on regarde ces hauteurs
du bas des falaises, on croit voir des colosses de pierre rougis par le soleil, des
géants immobiles qui assistent, témoins pétrifiés, aux mouvements formidables de la
mer, et qui les sentent mourir à leurs pieds.
Seuls, ces massifs énormes, inaccessibles du
rivage, paraissent dignes de dominer le grand
spectacle. A leur côté, comme en face de la
mer, l'homme se voit si petit, qu'il finit bien-

---

* *Dieu dans la nature.* Epilogue.

tôt par perdre de vue son existence et par se
sentir réuni à la vie confuse qui plane sur le
bruit des flots.

J'étais monté progressivement jusqu'au pla-
teau supérieur où les signaux s'élèvent pour
annoncer aux navires lointains le mouvement
horaire des flots sur le rivage, où les phares
s'allument à l'entrée de la nuit comme une
étoile permanente sur l'obscure immensité.
L'astre glorieux du jour était encore suspendu
rougissant, dans les nuées de pourpre, quoiqu'il fût couché pour le Havre, situé derrière
moi, et pour les rives planes qui bordent la
réunion de la Seine à la mer. En haut, le ciel
bleu me couronnait de sa pureté. En bas, la
bruyère peuplée d'insectes sautillants élevait
sa couche de parfums. Je marchai jusqu'au
bord escarpé, au fond duquel se creusent les
abîmes. Au bord du cap vertical le regard
domine l'immensité des mers qui s'étend à
gauche, du sud-est au nord-ouest, et s'il descend perpendiculairement à ses pieds, il se
perd dans la profondeur des escarpements

verts, des rochers et des broussailles, rude
tapis étendu à trois cents pieds au bas de ce
rempart. Le mugissement des flots monte à
peine jusque-là, et l'oreille ne perçoit qu'un
bruit uniforme dont le vent berce l'intensité
murmurante.

C'est un silence que ce chant lointain de la
mer. — La nature était attentive au dernier
adieu que le prince de la lumière donnait au
monde avant de descendre de son trône et de
disparaître sous l'horizon liquide. Calme et
recueillie, elle assistait à la prière universelle
des êtres ; car ils priaient leur sainte prière de
reconnaissance en recevant le dernier regard
du bon soleil ; tous, depuis la douce et solitaire méduse, depuis l'étoile de mer aux broderies de pourpre jusqu'aux sauterelles bruis-
santes, jusqu'à l'alcyon de neige, tous le
remerciaient pieusement. Et c'était comme un
encens s'élevant des flots et de la montagne ; et
il semblait que les mugissements tempérés du
rivage, que la brise qui soufflait du continent,
que l'atmosphère embaumée, que la lumière

pâlissant dans la sérénité de l'azur, que le rafraîchissement des ardeurs du jour, que toutes choses en ce lieu avaient conscience de leur existence et participaient avec amour à cette universelle adoration...

A cet holocauste de la Terre s'unissait dans ma pensée les attractions des mondes entre eux, non seulement celles qui rapprochent et éloignent tour à tour notre globe du foyer solaire, mais encore les sympathies de toutes les étoiles gravitant dans l'immensité des cieux. Au-dessus de ma tête se déployaient les harmonies sublimes et les gigantesques translations des corps célestes. La Terre devenait un atome flottant dans l'infini. Mais de cet atome à tous les soleils de l'espace, à ceux dont la lumière emploie des millions d'années à nous parvenir, à ceux qui gisent, inconnus, au delà de la visibilité humaine, je sentais un lien invisible rattachant dans l'unité d'une seule création tous les univers et toutes les âmes. Et la prière immense du ciel incommensurable avait son écho, sa strophe, sa repré-

sentation visible dans celle de la vie terrestre
qui vibrait autour de moi, dans le bruit de la
mer, dans les parfums du rivage, dans la
dernière note de l'oiseau des bois, dans la
mélodie confuse des insectes, dans l'ensemble
émouvant de cette scène, et surtout dans l'admirable illumination de ce crépuscule.

Je regardais... Mais j'étais si petit au milieu
de cette action de grâces, que la grandeur du
spectacle m'accabla. Je sentis ma personnalité
s'évanouir devant l'immensité de la nature.
Bientôt il me sembla que je ne pouvais ni parler, ni penser. — La vaste mer fuyait à l'infini. — Je n'existais plus et mes yeux se cou-
vrirent d'un voile. Je contemplais sans voir,
perdu sur la montagne. — La mer fuyait à
l'infini, et les êtres continuaient leur prière.

Et le Soleil, source de cette lumière et de
cette vie, regarda pour la dernière fois par-
dessus l'horizon des mers. Et lorsqu'il eut
reçu cet hommage de tous les êtres auquel
nul d'entre eux n'avait songé à se refuser, il
parut satisfait de cette journée et descendit

12.

glorieusement vers l'hémisphère des autres
peuples.

Alors un grand silence se fit dans la nature.
Des nuées de pourpre et d'or s'envolèrent
vers la couche royale et cachèrent les dernières lueurs rougissantes. Le crépuscule descendit des cieux. Les flots s'assoupirent, car le
vent qui les portait sur la grève s'était abattu.
Les petits êtres ailés s'endormirent. Et l'étoile
avant-courrière du soir s'alluma dans l'éther.

« O mystérieux Inconnu ! m'écriai-je, Être
grand ! Être immense ! qui sommes-nous donc?
Suprême auteur de l'harmonie ! qui donc es-tu,
si ton œuvre est si grande? Pauvres mites
humaines qui croient te connaître ! ô Dieu! ô
Dieu!.. Atomes, riens! que nous sommes petits ! que nous sommes petits!

« Que tu es grand ! Qui donc osa te nommer
pour la première fois ! Quel est donc l'orgueilleux insensé qui pour la première fois
prétendit te définir ! O Dieu! ô mon Dieu!
toute-puissance et toute tendresse ! immensité
sublime et inconnaissable !

« Et quel nom donner à ceux qui vous ont nié, à ceux qui ne croient pas en vous, à ceux qui vivent hors de votre pensée, à ceux qui n'ont jamais senti votre présence, ô Père de la nature !

« Oh ! je t'aime ! je t'aime ! Cause souveraine et inconnue, Être que nulle parole humaine ne peut nommer, je vous aime, ô divin Principe ! mais je suis si petit que je ne sais si vous m'entendez... »

Comme ces pensées se précipitaient hors de mon âme pour s'unir à l'affirmation grandiose de la nature entière, des nuées s'écartèrent du couchant et le rayonnement d'or des régions éclairées inonda la montagne.

« Oui ! tu m'entends, ô Créateur ! toi qui donnes à la petite fleur des champs sa beauté et son parfum ! La voix de l'Océan ne couvre pas la mienne, et ma pensée monte à toi, ô mon Dieu ! avec la prière de tous. »

Du haut du cap, ma vue s'étendait au sud comme à l'occident, et sur la plaine comme sur la mer. En me retournant j'a-

perçus les villes humaines à demi couchées
sur la plage.

Au Havre, les rues marchandes s'illuminaient, et plus loin, sur la côte opposée, à
Trouville, le char du plaisir allumait ses flam-
beaux.

Et tandis que la nature s'était reconnue devant Dieu pour saluer la mission de l'un de
ses astres fidèles, tandis que tous les êtres
s'étaient communiqué leurs prières, et que le
flot grondant des mers unissait à la brise du
soir son action de grâces à la fin de ce beau
jour; tandis que l'œuvre créée, unanime et
recueillie, s'était offerte au Créateur, la créa-
ture douée d'une âme immortelle et responsa-
ble, — l'être privilégié de la création, — le
représentant de la pensée, — l'*Homme*, vivait
à côté, insouciant de ces splendeurs, ayant
des yeux pour ne pas voir, des oreilles pour
ne pas entendre, semblant ignorer cette universelle harmonie au sein de laquelle il devrait trouver son bonheur et sa gloire.

IMPRESSIONS DE VOYAGES

EN BALLON

I

DANS LES NUAGES

★ ★ ★

La première impression* de l'arrivée dans
les nuages a quelque chose d'étrange et de
fantastique. Insensiblement, l'aérostat s'élève
vers ce plafond, et pendant que nous nous
demandons « ce qui va arriver » nous voyons
l'air perdre sa transparence et devenir opaque
autour de nous. La campagne se couvre d'un
voile dont l'épaisseur augmente du centre à la
circonférence. Bientôt nous ne distinguons
plus la terre que diamétralement au-dessous
de nous, et nous sommes enveloppés d'un
immense brouillard blanc qui paraît nous
environner de loin, comme une sphère
vague, sans nous toucher. On entrevoit encore les routes comme des fils blancs.

* 23 juin 1867, cinq heures du soir.

Nous nous croyons immobiles au milieu de cet air dense et opaque, et nous ne pouvons ni apprécier directement notre marche horizontale ni savoir à l'aspect des nuages si nous nous élevons ou si nous descendons. Tout à coup, pendant ce séjour au milieu d'un élément si nouveau pour moi, suspendus au sein de ces limbes aériens, nos oreilles sont frappées par un admirable concert de musique instrumentale, qui semble donné *dans le nuage même*, à quelques mètres de nous. Nos yeux s'enfoncent dans les blanches profondeurs : en haut, en bas, de quelque côté qu'ils cherchent, ils ne rencontrent que la substance diffuse et homogène, qui nous environne de toutes parts.

C'était une excellente musique d'orchestre jouée à Antony, alors que nous étions entièrement enveloppés dans les nuages et à près d'un kilomètre de cette ville.

Cependant la sphère de soie perce lentement de son vaste crâne les opacités non résistantes de la nue, et, nous frayant un passage, nous emporte vers des régions plus lumineuses. Bientôt nos yeux, accoutumés à la faible clarté d'en bas, sont impressionnés par l'accroissement de la lumière qui nous enveloppe. C'est, en effet, une vaste clarté solide qui paraît nous cerner de toutes parts : la sphère blanche qui nous enserre est du même éclat dans toutes les directions, en bas comme en haut, à gauche comme à droite; il est absolument impossible de distinguer de quel côté peut être le soleil.

Je cherche en vain à définir le caractère de notre situation; l'aspect en est vraiment indescriptible; tout ce que je puis exprimer, c'est que nous sommes au sein d'une sorte d'océan blanc pénétrable... Mais la lumière s'est rapidement accrue et s'affirme maintenant avec puissance.

Qu'arrive-t-il? Tout d'un coup, comme un plancher immense qui tomberait dans l'espace, nous voyons la surface supérieure des nuages s'étendre sous nos pieds et se préci-

13

piter en silence vers la terre, tandis qu'une lumière éblouissante et brûlante nous baigne de toutes parts. Le soleil apparaît, hostie immense posée sur des couches de neige. L'aérostat victorieux plane noblement *au-dessus des nuages!*

Nous voici maintenant dans la lumière et dans le ciel pur. La terre, avec son voile de brouillards, s'est enfoncée loin au-dessous de notre essor. Ici règne la lumière, ici rayonne la chaleur; ici l'atmosphère est pleine de joie; en abordant au sein de ce nouveau monde, il semble que l'on quitte les rives sombres du deuil pour prendre possession d'une nouvelle existence, et qu'en laissant les nuages se fondre à ses pieds, on ressuscite dans la transfiguration du ciel. Les royaumes d'en bas se couvrent de tristesse et les intérêts de la matière se voilent sous la honte de l'obscurité : à peine avons-nous traversé les portes du ciel, que l'âme, enivrée d'une métamorphose si rapide, sent frémir ses ailes palpitantes et se réveiller sous son enveloppe de

chair le sentiment de son immortelle destinée. Elle croit ressentir un avant-goût des
mondes supérieurs; elle voudrait laisser tout
à fait son vêtement sur ces nuages, et s'envoler vers le ciel dans l'inextinguible ardeur
de son désir.

En arrivant à quelques centaines de mètres
au-dessus du niveau supérieur des nuages,
on vogue en plein ciel dans un espace en
apparence complètement étranger à la terre,
et en quelque sorte entre deux cieux.

Le ciel inférieur était formé de collines et
de vallées blanchâtres de tonalités diverses,
offrant quelque vague ressemblance avec des
traînées neigeuses de laine cardée extrêmement fine, et diminuant de grandeur et de
profondeur à mesure qu'elles s'éloignent.

Le ciel supérieur était d'azur parsemé de
traînées blanches et floconneuses (cirri) situées
à une grande hauteur, — presque aussi éloignée au-dessus de nous que si nous étions
restés à la surface de la terre! Le soleil répand ses rayons de lumière et de chaleur en

ces régions inexplorées, tandis qu'il reste
caché pour les régions habitées par l'homme.
Combien de merveilles naissent et s'évanouis-
sent inconnues de l'œil humain ! Quelles forces
immenses et permanentes agissent au-dessus
de nous sans que nous les percevions !. La
nature éternelle poursuit son cours sans se
préoccuper d'être admirée et étudiée par
le faible habitant de la terre !

, Nous sommes restés une heure environ
au-dessus des nuages ; j'employai toute cette
heure à chercher des expressions de nature à
traduire fidèlement le spectacle déployé sous
notre regard, et, après avoir écrit une page
de comparaisons et d'images, j'en fus réduit à
m'arrêter à ces regrets : « Tous ces mots sont
ridicules et indignes. — Nulle expression ne
peut rendre ceci.— Spectacle enivrant. Debout
dans la nacelle, mon regard qui tombe à mes
pieds me donne la sensation d'un vol ultrater-
restre... Que n'habite-t-on ici !... »

En contemplant ces magnificences, on aime à
penser qu'il y a des mondes où l'homme ne

rampe pas dans la poussière comme sur le nôtre, mais a établi son séjour habituel dans les régions supérieures. Peut-être le jour viendra-t-il où, dans le nôtre même, l'humanité émancipée aura su se délivrer des derniers liens et vivre enfin dans la pureté et la transparence de l'espace céleste.

L'ombre du ballon se dessine, estompée sur l'océan nuageux, comme un second ballon gris qui voguerait dans les nues. L'aérostat paraît immobile, car il est emporté par le même courant que les nuages eux-mêmes. Les collines et les vallées blanches situées au-dessous de nous paraissent assez solides pour nous inviter à descendre de la nacelle et poser le pied sur ces beaux nuages. Quelle surprise, si nous nous laissions aller à cette tentation !

Nous restâmes jusqu'à 6 heures 50 minutes au-dessus des nuages, dans une immobilité apparente, mais voguant en réalité avec une vitesse égale à la leur. L'aérostat est dans un tel équilibre au sein de l'air que, lorsqu'il

13.

arrive au-dessous du niveau supérieur des nuées, une poignée de cent grammes de lest, un verre d'eau, moins encore, suffit pour nous ramener dans le ciel bleu. Le ballon semblait ne pas oser redescendre, comme si l'air des nuages avait été plus dense et l'avait soutenu. A 6 heures 50 minutes, il pénétra définitivement dans la nuée.

Lorsque nous descendîmes de la lumière, un effet inverse à celui qui m'avait impressionné se produisit. Une *tristesse immense* succéda à la joie d'en haut. Quelque chose d'obscur, de laid, de sale même, paraissait voiler l'espace. On sentait les approches d'une terre proscrite... Je recommande cette descente aux misanthropes : on éprouve un sentiment de véritable humiliation, presque du dégoût, lorsqu'on tombe ainsi du ciel chez les hommes.

★ ★ ★

II

LE SILENCE ET LA SOLITUDE

DES HAUTEURS

* * *

C'est plutôt de la terreur que de l'admiration que nous inspire le spectacle de cette nature grandiose, car le silence qui règne de toutes parts écrase la raison humaine et l'empêche de perdre de vue sa petitesse en face de l'infini. L'aérostat lui-même glisse en silence, comme s'il avait à craindre de troubler un pareil recueillement. C'est à voix basse que les habitants de la nacelle échangent leurs pensées ; ils redoutent que leurs confidences terrestres ne soient entendues par quelque génie inconnu. Chaque mouvement fait gémir les cordages et trouve comme un double écho dans l'intérieur du ballon.

Austère et effrayante, cette nature céleste nous attire, comme le ferait l'abîme ouvert sous nos pieds si le fragile plancher qui nous en sépare venait à s'effondrer. Dans ces sphères ultimes, c'est une sorte de vertige de l'infini. On aimerait errer toujours au-dessus de ces plaines sans fin.

Nous avons dépassé la hauteur de l'*Olympe*, de cette antique et solennelle montagne my-thologique de Thessalie, qui n'a que 2 906 mè tres d'élévation, et ne touche pas au ciel, comme le croyaient les contemporains d'Ho-mère. La bulle de gaz à laquelle nous sommes suspendus flotte à 3 300 mètres de hauteur perpendiculaire au-dessus de la Loire *.

L'aspect géométrique de la terre paraît paradoxal. La terre étant un globe sphérique, il semble que, en s'élevant au-dessus de la sur-face, on devrait avoir peu à peu la sensation

* 10 juin 1862, sept heures du matin.

de cette sphéricité; il n'en est rien, et c'est
même un effet tout contraire qui se produit à
mesure que l'on monte.

Ici se déroule sous nos regards charmés un
panorama magique que les rêves les plus té-
méraires n'oseraient enfanter. Le centre de la
France se déploie au-dessous de nous comme
une plaine illimitée, diversifiée des nuances
et des tons les plus variés, que de nouveau je
ne puis mieux comparer qu'à une splendide
carte géographique. On distingue fort bien le
fond de la Loire et l'on suit au loin le cours du
fleuve. L'espace est partout d'une limpidité
absolue. Dans ce ciel bleu, je me lève, et, les
bras appuyés sur le bord de la nacelle comme
sur un balcon céleste, je laisse mes regards
tomber dans le vide immense...

Là-bas, à dix mille pieds au-dessous de moi,
la vie déploie son rayonnement universel;
plantes, animaux, hommes, respirent ensemble dans la couche inférieure de ce vaste océan
aérien; ici déjà décroît la puissance de la vie;
là-bas palpite à l'unisson le cœur de tous les

êtres; là-bas se mêlent les parfums des fleurs; là-bas murmure la mélodie des existences; là-bas, du limon nourricier de la terre maternelle s'élèvent les épis et les vignes, les roseaux et les chênes, et dans cet air, principe et soutien de la chaleur vitale, se perpétue le concert de l'inextinguible existence.

Mais dans les hauteurs où plane ce navire léger comme l'air, en ce chemin invisible où l'homme passe pour la première fois, nous n'appartenons déjà plus au règne de la terre vivante. Nous contemplons la nature, mais nous ne reposons plus sur son sein. Le SILENCE absolu règne ici dans sa morne majesté. Nos voix n'ont plus d'écho, nous sommes environnés d'une étrange solitude.

Un silence si profond et si terrifiant domine en ces régions isolées que l'on est porté à se demander si l'on vit encore. Ce n'est pourtant pas la mort qui règne ici : c'est l'absence de vie. Il semble que l'on ne fasse plus partie du monde d'en bas. L'aérostat étant en repos absolu dans l'air qui marche, l'immobilité qui nous enveloppe se propage jusqu'à notre esprit. Contemplateurs isolés de la scène de la nature, descendons-nous des cieux ? Abordons-nous une planète habitée dont la magnificence se révèle en ce panorama merveilleux ! Combien elle est admirable, cette vaste scène de la nature vers laquelle nous allons descendre ! Quelle paix et quelle richesse ! Qui oserait croire que, dans une résidence aussi belle, l'homme vit dans le dédain et l'ignorance de ces splendeurs, et que ce parasite a employé tous ses efforts à faire naître la guerre et le mal sur le sein de la beauté et de l'amour ?

Oui, le silence qui règne en ces profondeurs est véritablement solennel ; c'est le prélude du silence des espaces interplanétaires, de l'immensité silencieuse, noire et glacée, à travers laquelle les mondes gravitent en cadence.

* * *

III

VOYAGE AÉRIEN NOCTURNE

* * *

La lumière argentée de la lune descendait du haut des cieux comme une rosée divine; dans la paix du ciel limpide, étincelaient les étoiles pâlissantes ; et la terre sommeillait dans un profond rêve, comme un être vivant qui se repose d'un travail et reprend en silence ses forces dispersées.

Tout dormait dans les vastes plaines. Les petits êtres ailés qui jasent dans les bois, les oiseaux et les insectes, avaient cessé leur harmonieux bruissement. Le vent lui-même ne soupirait plus dans les arbres. Le moindre souffle d'air ne caressait pas la surface de la terre.

J'avais laissé aux portes de la ville* l'esquif aérien plus léger que l'air, et notre nacelle avait été chargée de pierres, de crainte
qu'il ne s'envolât dans son domaine. L'es-
corte d'honneur que nous lui avions donnée n'avait eu aucune peine à le retenir,
car l'air était resté absolument calme, et
l'aérostat gardait une complète immobilité.

Lorsqu'on l'eut délivré du poids qui le re-
tenait au sol vulgaire, il s'éleva lentement,
majestueusement, divinement, dans le ciel
pur et dans la lumière lunaire. Mon pilote,
assis devant moi, versait avec précaution le
lest sacré, tenant son regard interrogateur
fixé sur le baromètre. Et moi, confiant dans
son soin et dans la sûreté de l'aérostat, je
m'abandonnai librement à deux sortes de
bonheurs : la contemplation et l'étude.

C'est une sensation douce et profonde que
celle de voyager silencieusement dans l'espace pendant une belle nuit d'été. En regar-

* Dreux, 19 juin 1867, une heure du matin.

14

dant la terre, en sondant l'espace inférieur, je n'éprouvai plus ce sentiment d'isolement qui m'avait âprement impressionné lorsque, en plein soleil, à plus de trois mille mètres au-dessus du sol, je comparais la hauteur et l'exiguïté de ma sphère de gaz à la grandeur de l'immense plaine étendue au-dessous de moi. Là, je me sentais moins vivant. Ici, au contraire, seuls êtres animés, nous vivions et nous pensions au-dessus du sommeil de tous.

Notre ascension s'effectua à 1 heure 25 minutes du matin, lorsque tous les instruments eurent été enregistrés ; c'était exactement l'heure du passage de la lune au méridien. A 2 heures, nous étions parvenus à 1 440 mètres de hauteur.

A terre, l'air était d'un calme absolu. A peine arrivés à cent mètres d'élévation, nous fûmes emportés avec une vitesse déjà très sensible, croissant en raison de notre ascension. Cette vitesse fut en moyenne de 10 mètres 40 *par seconde* pendant la première heure, et de 11 mètres 95 pendant la deuxième.

En me voyant porté par les vents du ciel au-dessus de la terre endormie, je ne puis m'empêcher de penser que cette loi de la circulation atmosphérique est l'une des causes de l'entretien de la vie et de la jeunesse perpétuelle de la nature. Pendant le jour, l'air sillonne la surface de la terre, tempérant les ardeurs de la vie, mêlant la chaleur solaire et les parfums des plantes à la respiration des êtres animés, répandant sur chacun l'abondance et la rénovation. Pendant la nuit, les enfants de la terre s'endorment sur le sein de la nature; nul trouble ne vient inquiéter leur repos, et les sensitives sommeillent en paix comme les oiseaux des bois.

Mais, en même temps, une immense circulation s'accomplit au-dessus de la sphère du sommeil, et les vents supérieurs, enveloppant la terre, rétablissent partout l'équilibre des principes et des fonctions, jusqu'à l'heure où, le soleil apparaissant à l'orient, viendra rappeler tous les êtres à l'action, en répandant des flots de lumière et d'électricité sur la surface du monde.

Au solstice d'été, l'aurore et le crépuscule se touchent de bien près. A peine avions-nous quitté le sol, à une heure et demie du matin, que nous aperçûmes très distinctement l'aurore au nord-nord-est. Sa blanche clarté se dessinait correctement sous la forme d'une zone horizontale assez mince, nettement terminée à 15 degrés au-dessus de notre horizon. Je n'ai jamais admiré une lumière aussi douce en même temps qu'aussi pure. C'était, en effet, celle des hauteurs de l'atmosphère éclairées par le soleil qui planait alors au-dessus de l'Océan Pacifique. Cette clarté vraiment céleste était d'une pureté si exquise, que le ciel étoilé, quelque transparent qu'il fût lui-même, semblait couvert d'un gris de plomb! A mesure que j'examinais cette clarté, le ciel paraissait de plus en plus couvert, à ce point que je m'étonnai de voir les étoiles briller!

Il est remarquable que malgré la lumière de la lune nous ayons aperçu l'aurore dès une heure et demie du matin. J'ai voulu faire l'expérience à la nouvelle lune. Or, le 30 juin, par un ciel extrêmement pur, j'ai suivi la faible lueur du crépuscule de onze heures à une heure du matin, et j'ai constaté qu'elle a progressivement passé du nord-nord-ouest au nord et au nord-nord-est, sans disparaître entièrement. A cette époque de l'année, le soleil ne descend pas à plus de 18 degrés au-dessous de l'horizon de Paris.

Désirant connaître l'éclat relatif de la lune et de l'aurore, je comparai leur lumière de cinq en cinq minutes. C'est à 2 heures 45 minutes que les deux clartés furent *égales en intensité;* alors je pouvais lire une feuille tournée du côté du nord-est (aurore) exactement comme je lisais une feuille tournée du côté du sud-ouest (lune). Mais voici une particularité qui surprendra mes lecteurs.

La lumière de la lune est d'une blancheur devenue proverbiale, lorsqu'on la compare

14.

aux lumières artificielles, aux becs de gaz par exemple, qui, eux-mêmes, font paraître jaune les quinquets à l'huile. Or la lune fait jaunir et presque rougir à son tour la lumière de l'hydrogène, et elle paraît si blanche qu'elle en est bleue par contraste. L'astre candide des nuits est devenu l'emblème de la pureté immaculée, et le lis le plus virginal oserait à peine comparer sa blancheur à celle de Phœbé.

J'étais donc intéressé à savoir si, surprise au lever du jour, la déesse des nuits serait aussi pure que sa réputation. L'expérience était facile à faire, et le photomètre des plus simples; exposer une feuille de papier blanc à la clarté de la lune et la retourner ensuite du côté de l'aurore, et ainsi successivement, pour comparer simultanément l'intensité et la couleur des deux lumières.

Or, avant même que l'intensité de la lumière lunaire eût atteint celle de l'aurore, je constatai qu'à son tour cette lumière jaunit devant la pure splendeur du jour! Ainsi la lumière de l'aurore est plus blanche encore que celle de la lune. Peut-être l'azur de l'atmosphère entre-t-il comme cause et comme contraste dans cette exquise blancheur de la lumière de l'aurore.

Il est bon de rappeler ici que les notes de mon journal de bord, dont je me sers pour rédiger ces impressions de voyage, ont été écrites séance tenante dans la nacelle, tantôt à la clarté de la lune, tantôt à la clarté des étoiles, tantôt à tâtons, car il est prudent de n'emporter aucune sorte de lumière en ballon ; celui-ci, ouvert à sa partie inférieure, ferait l'office d'un immense bec de gaz et pourrait bien nous causer la surprise d'éclater à quelque mille mètres de hauteur.

Le sud et le nord de notre ciel nous offrent deux aspects fort différents. Dans le premier, le ciel est profond, transparent, bleu ; la brume qui recouvre la terre est semblable à un océan de brouillards ; la lune trône au-dessus de ce monde de vapeurs. Dans le se-

-cond, le ciel paraît couvert et terminé au nord-est par une ouverture ou une transparence. — Directement au-dessus de notre tête plane l'énorme sphère sombre et en apparence immobile.

J'aperçois à l'œil nu la plupart des mers lunaires et plusieurs cratères lumineux, surtout la montagne rayonnante de Tycho. A l'aide d'une faible lunette, je distingue jusqu'aux petites taches, telles que le lac de la Mort, le lac des Songes, les marais du Sommeil, la mer du Froid. En voyant les brumes inférieures et en sachant quels vents sillonnent l'atmosphère, je songe combien il est difficile à ceux qui habitent le fond de cet océan aérien d'observer sans erreurs les mondes éthérés ; je songe surtout à la difficulté de bien observer à l'Observatoire de Paris, perpétuellement enseveli sous la poussière et les voiles de la grande ville.

A travers la nuit transparente, notre esquif aérien vole. En bas, un silence absolu ; en haut, les constellations scintillantes. Je me souviens des deux strophes du poète, chantant précisément le passage de l'aérostat sous la nuit étoilée :

> Andromède étincelle, Orion resplendit ;
> L'essaim prodigieux des Pléiades grandit ;
>   Sirius ouvre son cratère ;
> Arcturus, oiseau d'or, scintille dans son nid ;
> Le Scorpion hideux fait cabrer au zénith
>   Le poitrail bleu du Sagittaire.
>
> L'aéroscaphe voit, comme en face de lui,
> Là-haut, Aldébaran par Céphée ébloui ;
>   Persée, escarboucle des cimes,
> Le Chariot polaire aux flamboyants essieux,
> Et plus loin la lueur lactée, ô sombres cieux !
>   La fourmilière des abîmes.

Nous sommes passés à 2 heures 20 minutes à gauche d'une petite ville carrée. Nous avions d'abord pris cette place pour un verger, mais un examen plus attentif nous montra qu'il y avait là des édifices et qu'une promenade plantée d'arbres en faisait le tour. Vérification faite sur la carte, nous constatons que c'est la ville de Verneuil.

A 2 heures 55 minutes, nous passons au-dessus d'une autre ville, endormie profondément comme la première. Nous nous disons que s'il y a des êtres humains éveillés au-dessous de nous à cette heure nocturne, ce ne peut guère être que ceux qui souffrent, et nous voudrions, du haut du ciel, pouvoir verser un allégement sur leurs souffrances et signaler notre passage par une bénédiction réelle et effective.

La ville que nous traversons nous paraît encadrée d'un pittoresque paysage, où les rochers et les vallées ne manquent pas. Des vallées profondes, au milieu desquelles s'élève le duvet d'un léger brouillard, dessinent le caractère du sol. Nous sommes, en effet, au zénith de la ville de Laigle et du fameux château élevé au onzième siècle sur des rochers menaçants signalés par la découverte d'un nid d'aigles.

C'est ici, au-dessus de Laigle, dans ce ciel que nous traversons, qu'eut lieu la première chute d'aérolithes constatée par la science;

c'est de cet espace, aussi pur qu'aujourd'hui,
que tombèrent, le 6 floréal an XI, vers une
heure de l'après-midi, des milliers de pierres,
qui purent être ramassées dans tous les villages environnants, et dont Biot rapporta les
fragments à l'Académie des sciences, qui, jusque-là, avait rigoureusement nié que des
pierres pussent tomber du ciel. Une explosion
violente qui dura pendant cinq ou six minutes, avec un roulement continuel, fut entendue à près de trente lieues à la ronde; elle
avait été précédée par un globe lumineux de
la grosseur d'un ballon, traversant l'air d'un
mouvement rapide. Jamais chute d'aérolithes
ne jeta plus grand effroi parmi les populations
des campagnes. Ceux qui avaient entendu
l'explosion sans voir le bolide, s'étonnaient
de ce coup de tonnerre éclatant par le ciel le
plus pur, et croyaient assister à la confusion
des éléments; ceux qui virent soudain des
pierres, lancées par une force invisible, tomber du ciel avec fracas sur les toits, sur les
branches, sur le sol, et creuser des trous dans

lesquels elles s'engloutissaient, réveillaient les cris des anciens Gaulois et se demandaient si c'était la « chute du ciel ». Il ne fallut rien moins que ce grand événement pour faire accueillir par la science l'existence réelle des aérolithes.

Notre aérostat a traversé cette région célèbre dans l'histoire de l'astronomie, et continue son vol au-dessus du département de l'Orne.

Vénus vient de se lever. Étoile blanche, elle brille dans l'aurore lumineuse comme une flamme plus vive encore. Mercure se lèvera trop tard pour être visible. Mars était couché avant minuit. Saturne descend à l'occident. Mais le sceptre de cette nuit appartient à Jupiter. Je n'ai jamais vu cette planète aussi éclatante, quoique sans scintillation. Elle semblait aussi lumineuse que la lune, tant elle jetait de feux, et toutes les étoiles, celles de première grandeur comme les plus modestes, pâlissaient et s'effaçaient devant elle. Vers trois heures, les étoiles s'éteignirent l'une après l'autre, Arcturus s'évanouit la dernière, mais la lune et Jupiter restèrent lorsque toute l'armée céleste se fut enfuie aux approches du jour.

Depuis ce premier voyage nocturne aérien, j'ai passé plusieurs fois la nuit entière dans l'atmosphère, mais je n'eus jamais de nuit aussi belle, et j'oserai dire aussi pure et aussi charmante, car c'était un charme magique que cette douce influence de la lumière lunaire descendant de notre pâle satellite.

La lumière répandue dans l'atmosphère par l'aurore est bien différente de celle de la lune. A la faveur de celle-ci, j'ai constamment pu lire mes instruments et écrire, et nous n'avons pas cessé de distinguer la campagne, les bois, les champs, les plateaux, les vallées. Mais cette clarté *glisse* sur ces objets plutôt qu'elle ne les pénètre. Elle estompe vaguement les contours et dessine une carte de demi-teintes. Il en est tout autrement de la lumière de l'aurore. Avant même que son intensité égale celle de la clarté lunaire, elle emplit toute l'atmos-

15

phère et s'incorpore avec elle. Elle imbibe les airs, les montagnes et les vallées, elle *pénètre* les plantes des forêts et l'herbe des prairies. Il semble que tout vive en elle et qu'elle s'impose magistralement à la nature comme la cause universelle de la vie, de la force et de la beauté des choses créées.

Le silence *absolu* de la nuit disparaît avec elle et commence à se laisser entrecouper par quelques notes douces et lointaines. A 3 heures 20 minutes, le chant des oiseaux s'annonce avec plus de vivacité. *Leur voix est pure dans l'ordre du son comme l'aurore dans l'ordre de la lumière.* Ils chantent tous avec joie, et les notes limpides de leurs petites gorges s'envolent avec candeur dans l'atmosphère baignée de clarté.

Le navire aérien venait de passer à 3 heures 25 minutes au-dessus du bourg de Gacé, lorsque nous descendîmes dans une prairie couverte de rosée, au bord de la jolie rivière de la Touques, qui se jette dans la mer à Trouville.

·IV

LE LEVER DU SOLEIL

VU DE LA NACELLE D'UN BALLON *

★ ☆ ★

L'œil mortel qui eut une seule fois le privilège de contempler l'arrivée triomphante du
dieu du jour dans le monde aérien et d'assister, dans les hauteurs du ciel, à la glorieuse
manifestation de sa splendeur, ne saurait
oublier un tel spectacle et en gardera jusqu'au
dernier sommeil l'image ineffaçable. Il y a sur
la terre des impressions qui donnent une si
haute idée de la nature, et qui nous la révè-
lent sous un aspect si imposant, que l'âme

---

* A deux mille mètres de hauteur au-dessus du Rhin, 15 juillet
1867, quatre heures du matin.

profondément émue en recueille pour toujours l'impérissable souvenir.

Lentement, insensiblement, la tendre et blanche clarté de l'aurore s'élait affermie, et, semblable à un doux océan de lumière, elle emplissait l'atmosphère. Comme la mélodie d'un orchestre lointain semble d'abord un écho imperceptible, et progressivement augmente en grandissant l'enivrant murmure, ainsi la lumière était pour l'œil ce que la musique est pour l'oreille. La terre silencieuse attendait dans le recueillement, éveillée de son sommeil réparateur, mais comme accablée sous le prestige de la beauté céleste.

Le Rhin déroulait au loin ses anneaux d'argent, comme un serpent étendu sur la verte Allemagne, penchant là-bas dans la mer du Nord sa tête aplatie. La nature se taisait ; et si les petits oiseaux chantaient, c'était seulement un timide prélude à l'hymne du jour ! Bientôt un vaste rayonnement d'or s'élança de l'orient, comme un éventail fluide venant caresser de ses chatoyantes couleurs les nuages les plus élevés de l'atmosphère, et leurs légers contours s'allumèrent des nuances de la rose et de l'or.

Toute la nature atmosphérique se met en fête pour saluer le lever du soleil. Les nuages lointains s'embrasent et ressemblent aux Alpes éclairées par le soleil couchant; les plus légères vapeurs se teignent en rose tendre, du lit de pourpre de l'astre radieux s'élancent en tous sens des gerbes de lumière, et les nuées supérieures se bordent d'une éclatante broderie d'or.

..... L'orcheste augmente, et déjà parmi les moires flottantes, les bercements et les broderies mouvantes de l'harmonie, on distingue les frémissements célestes. Tout à coup, au moment où l'âme charmée se sent emportée vers ses rêves les plus élevés par le magnétisme du chant divin, l'orgue universel dont tous les jeux sont ouverts entonne pleinement l'éclatante fanfare de la vie !... Soudain tout s'écarte, les plans s'éloignent et le foyer de la

15.

lumière et de la chaleur s'élève majestueusement en versant au loin dans l'espace les flots
de la fécondité et de la vie. Les accords
solennels du mode majeur répandent dans
l'espace le sublime poème de la mélodie
sacrée. Le dieu de la lumière vient d'apparaître; son disque immense flambloie entre
les tentures de pourpre que l'Orient a écartées
pour le recevoir!

Un rayon éblouissant se précipite sur l'aérostat et dans l'atmosphère entière, jetant à
travers l'espace les fantastiques féeries d'une
céleste splendeur. Tout renaît, tout s'illumine,
tout vit, tout chante. La sphère ardente du
soleil apparaît, majestueuse, au-dessus de la
nappe de feu qui lui servait de couche; les
montagnes s'éclairent sur les vallées qui s'é-
veillent; le rêve est fini. Voici la lumière,
voici l'activité, voici le jour ! Instant merveilleux où la nature entière paraît ressusciter,
spectacle sublime devant lequel l'âme enthou-
siasmée vit d'une double vie, jouit d'une
double jouissance, contemplant dans un fier

bonheur cette vaste étendue des royaumes de la terre qui, maintenant, palpite et rayonne dans la féconde lumière de l'astre du jour.

A mesure que le soleil se levait lentement de l'hémisphère inférieur, notre aérostat s'élevait lui-même dans l'espace. Il atteignit 2 300 mètres au moment où l'astre radieux, dégagé des couches des nuages inférieurs, vint planer dans un ciel double, formé par l'atmosphère supérieure grise et occupée elle-même par des traînées blanches très élevées.

Puis le soleil nous parut se lever une seconde fois. Caché par de longues files de nuages, on aurait pu croire qu'il n'était pas encore arrivé sur notre hémisphère, lorsque nous le vîmes de nouveau à l'horizon, non plus rouge écarlate comme tout à l'heure, mais d'un blanc vermeil; c'était le Rhin qui nous renvoyait son image éblouissante.

Avant d'atteindre Aix-la-Chapelle, nous distinguions déjà à l'œil nu la ville de Cologne, ou plutôt sa cathédrale, basilique géante dont la masse noire se projetait sur le ruban d'argent du grand fleuve.

Nous nous trouvions à 2 400 mètres d'élévation, et nous passions au-dessus d'une plaine de nuages, lorsque les sons de l'*Angelus* vinrent frapper nos oreilles. C'était le premier bruit de la terre qui nous arrivait.

Le son des cloches est doux à entendre dans le ciel ; mais il ne nous fut pas donné d'en goûter le charme, car le bruit du canon vint aussitôt lui succéder, et pendant longtemps, de minute en minute, la voix de ce gracieux appareil de civilisation et de progrès vint gronder dans les nuages et s'étendre dans les plaines de l'air. C'était, nous dit-on à notre descente, « l'artillerie de Muhlheim qui s'exerçait pour la guerre prochaine... » Nous ne nous doutions pas de ce que devait être cette guerre ! La lumière est dans le ciel ; l'ombre est sur la terre.

★★★

LE MASCARET

LE MASCARET

✳ ✷ ✳

La pleine lune brillait, suspendue dans le ciel, comme une sphère éclatante ; son pâle visage semblait regarder la Terre en répandant sur elle une clarté éthérée ; dans le miroir de la Seine indolente ses rayons d'argent glissaient en scintillant sur chaque petite vague. Au bord du fleuve, l'antique et si pittoresque petite ville de Caudebec était endormie, resserrée autour du vieux clocher gothique qui la domine ; on n'entendait que le bruissement, léger comme un souffle, du vent dans les marronniers, les ormes et les tilleuls séculaires qui bordent le fleuve. Enveloppé de calme et de silence, le contemplateur pouvait se croire transporté sur les rives

solitaires d'un lac oublié au fond des campagnes.

Ce cours de la Seine à son embouchure est
peut-être unique au monde par son caractère.
C'est une ondulation de serpent, noncha-
lamment étendu, endormi dans ses plis. De
Rouen au Havre, il n'y a, à vol d'oiseau, que
soixante-dix kilomètres, tandis que les sinuo-
sités de la Seine en décrivent plus de cent
vingt, avec une pente de 5^{m}74 seulement.
C'est vraiment un lac, dont les rives vont en
s'écartant insensiblement l'une de l'autre,
jusqu'au large estuaire de l'embouchure.

Le clair de lune agrandit tout. Les ombres
sont plus intenses, les murs paraissent plus
élevés, les arbres plus noirs. Nous suivions
en silence les rives du fleuve dont les vagues
légères venaient mourir à nos pieds ; les
bosquets, les silhouettes des maisons nor-
mandes aux balcons échancrés, la flèche de
l'église aux noires ogives dessinaient un
paysage humain nous rappelant que nous
appartenions encore à la terre ; mais nos

pensées flottant sur les ondes, bercées entre ciel et terre, descendaient comme en un rêve vers la mer, vers l'horizon vague où le ciel et la terre se confondent.

Toute mystérieuse qu'elle soit, la clarté de la lumière lunaire est encore d'une grande intensité. Un monde éclairé seulement par une lumière égale à celle de notre clair de lune ne serait point un séjour nocturne. Peut-être serait-il plus tempéré, moins rude, moins cru, que le nôtre, composé non de durs contrastes, mais de tons et de nuances ; les yeux auraient acquis une faculté de perception plus puissante, l'oreille serait plus délicate et plus sensible, le système nerveux tout entier étant plus impressionnable ; mille nuances indécises qui nous échappent formeraient la base de nos impressions, de nos idées, de la double vie, physique et morale, matérielle et intellectuelle, qui constitue l'être humain. Et, qui sait? les sens qui nous manquent sont-ils nés, peut-être, sur les mondes éclairés par de pâles soleils, — mondes af-

franchis de ces éléments disparates qui nous
plongent tour à tour dans les feux du solstice, dans la neige des hivers, dans l'éblouissant éclat du Soleil, dans la nuit profonde,
dans l'orage aux tonnerres retentissants,
dans les tempêtes et les inondations, dans les
volcans et les tremblements de terre, —
mondes affranchis de ces impressions trop
brusques, trop grossières, et dans lesquels
les premiers organismes vivants ont donné
naissance à des êtres délicats et sensibles, de
plus en plus perfectionnés.

Si le clair de lune double l'intensité des
ombres, le calme de la nuit développe singulièrement aussi la faculté d'entendre. Qui
d'entre nous n'a remarqué combien, dans cet
universel recueillement des choses, deux
êtres rapprochés s'entendent sans se parler,
même à voix basse? Ne semble-t-il pas que,
dégagés des bruits et des diversions du jour,
les cœurs battent mieux à l'unisson, et
qu'une pression de mains suffise pour mettre
en communication subite et profonde les

sources d'électricité nerveuse qui circulent
en nous? Le Soleil est un astre splendide, la
lumière du jour est pénétrante et féconde;
mais les cordes les plus intimes de la lyre
humaine vibrent avec plus d'intensité dans
les harmonieux silences de la nuit. L'astronome peut regretter que les habitants de Vénus ne connaissent pas la calme et mélancolique beauté des clairs de lune.

*
* *

Alors on sent mieux l'attraction qui, dans
la nature entière, gouverne les mondes et
les êtres, les atomes et les âmes. L'espace est
une nuit. C'est à travers la nuit que les astres s'attirent, à travers la nuit qu'ils voguent
en se cherchant, à travers la nuit qu'ils exercent les uns sur les autres les influences
auxquelles leurs destinées sont suspendues.
Il n'y a de jour qu'à la surface des mondes,

et seulement dans le voisinage de leur moitié éclairée ; l'espace n'est pas visible : il
laisse passer la lumière des soleils et reste
noir, obscur, transparent, à midi comme à
minuit. La Terre n'a pas d'yeux pour voir
Jupiter glisser dans les cieux à 155 millions
de lieues d'elle ; pourtant elle le sent, elle le
devine, et lorsqu'il passe, à cette immense
distance même, elle subit son attraction et,
au lieu de suivre directement l'orbite qu'elle
doit décrire autour du Soleil, elle s'écarte,
malgré sa masse si énorme, elle s'écarte de
sa route et se laisse dévier par lui. — La dé-
viation est de 2^m10 pendant cette heure de
plus grand rapprochement de Jupiter et de la
Terre. — L'aiguille aimantée enfermée dans
une cave de l'observatoire ne voit pas le ré-
giment qui passe sur le boulevard voisin ;
pourtant elle est toute troublée, agitée, con-
trariée de la perturbation apportée par les
baïonnettes, et elle oscille sans repos tant
que la cause n'a pas disparu. — La foudre
ne voit pas la clef portée dans la poche d'un

paisible habitant de la maison voisine, tranquillement assis dans son fauteuil; pourtant
l'orage passe, la foudre éclate et va justement
frapper sa victime en lui arrachant ses vêtements. — La mer ne voit pas la Lune planant dans les cieux; mais elle la sent, ses
eaux la cherchent, la désirent, s'élèvent vers
elle, et, avec la Lune, la marée formidable
fait le tour du monde.

Le spectacle des grandes marées, surtout
aux époques où le Soleil et la Lune se réunissent pour appeler les eaux sur un même
diamètre du globe terrestre, est éminemment
propre à nous faire concevoir la grandeur et
la puissance de l'attraction. Ainsi, en ce moment, par exemple, la pleine Lune attire les
eaux de ce côté-ci du globe et la mer entière
est soulevée vers le ciel par la puissance d'une
main invisible. Mais ce n'est pas seulement
la mer qui est soulevée, c'est la Terre entière,
à ce point qu'en ce moment même, de l'autre
côté du globe, l'Océan reste au delà de ce déplacement de la Terre vers la Lune et produit

16.

précisément chez nos antipodes une marée symétrique de celle-ci. Le Soleil ajoute son influence. L'équilibre est d'une telle délicatesse que les nuances les plus légères en modifient l'harmonie. Loin d'être pesante et grossière, la création est pour ainsi dire immatérielle.

Aux époques de mascaret, c'est-à-dire à chaque marée de pleine Lune et de nouvelle Lune, mais surtout aux jours de grandes marées d'équinoxe, le fait si bizarre et si paradoxal de la rétrogradation de la Seine impétueusement poursuivie par les eaux de la mer qui la forcent à remonter son cours est l'un des plus curieux spectacles qui se puissent voir. Ce grand et émouvant spectacle n'a qu'un tort : c'est d'être aux portes de Paris. C'est si près, que personne ne va le voir et qu'il n'y a pas un Français sur mille qui l'ait contemplé. Si c'était en Suisse, en Italie, sur le Rhin ou sur le Danube, tout le monde y courrait.

Spectacle merveilleux, en effet, surtout pour celui qui sait le comprendre. Dans le silence de la nuit, sous la rosée lumineuse du clair de Lune, on entend d'abord, on perçoit un vague murmure, comme un frisson dans l'atmosphère, comme un frémissement dans le feuillage. En cherchant à le définir, on croit distinguer des froissements de vagues, cette sorte de bruit sinistre précurseur des inondations. Pourtant la Seine coule tranquillement à nos pieds, calme, paisible, silencieuse. Le bruit grandit, et là-bas, sachant que la mer va arriver, nous commençons à reconnaître des crêtes de vagues. Oui, les voici qui s'avancent! Cavales à la blanche crinière, éclairées par l'astre des nuits, elles sautent là-bas, au loin, bondissent et disparaissent. Les voici qui approchent... Le bruit grandit, devient tumulte. Une muraille liquide, haute, houleuse, agitée,

arrive avec la vitesse d'un cheval au galop;
déjà une partie des flots a bondi sur la rive
opposée, paraissant jeter toute la barre aquatique sur les campagnes riveraines; mais elle
s'est reformée, la muraille liquide; elle occupe la largeur entière du fleuve et semble
précédée par un long sillon noir. Quel torrent! Quelle avalanche! C'est la mer! C'est la
mer! La Seine a fui, disparu; la mer est arrivée avec un niveau supérieur à elle de plusieurs mètres, et maintenant à nos pieds s'a-
gitent les vagues immenses et courroucées.
Elle a passé comme un torrent, bondissant
toujours en avant, et, sans arrêt, elle continue
son cours, poursuivant les eaux du fleuve
comme un escadron de cavalerie poursuit les
fuyards.

Étrange et grandiose dans le silence de la
nuit, sous la froide clarté de la Lune qui
semble se désintéresser des effets qu'elle produit elle-même, le mascaret est, à la lumière
du jour, moins mystérieux, mais plus vivant.
On en saisit mieux les multiples détails, et

les gracieux paysages qui l'encadrent mettent en lumière tout son mouvement et toute sa beauté. Le rouleau d'eau jaillissante semble tourner en avançant à travers le fleuve, comme un serpent gigantesque, et derrière lui arrivent les vagues avant-courrières de la grande nappe de marée. Tous les obstacles placés sur sa marche l'exaspèrent et augmentent son élan. Il bondit sur les rochers de la rive, les quais et les digues, et s'élance aveuglément vers un but qu'il ignore. Malheur à la barque qui s'aventure à traverser le fleuve à cette heure! Plus d'un voyageur a payé de sa vie l'imprudence d'un instant. Personne n'a oublié la fin si tragique de la fille de Victor Hugo, de son jeune mari, Charles Vacquerie, qui voulut mourir avec elle, du marin et de l'enfant qui conduisaient la barque. (Villequier, 4 septembre 1843.)

Le mascaret a tant bouleversé le lit du fleuve, les courants changent si souvent en cette région, que nul ne peut s'y fier. Cette grève enchanteresse, parfumée tour à tour

par les brises du rivage et de la mer, s'est mille
fois couverte d'épaves et de cadavres. Les
naufrages y sont plus nombreux que sur les
rives de la mer voisine. Que de souvenirs en-
dormis dans le cimetière de Villequier!

Mais le flot passe devant nous avec une vitesse terrifiante. En un instant le fleuve a fait
place à la mer. Le contemplateur reste stu-
péfait de la transformation soudaine qui vient
de s'accomplir sous ses yeux et du tumulte
des eaux profondes; il se souvient de l'impression si juste du berger de Virgile :

Stabat, et ingente motu stupefactus aquarum !

Ce grandiose phénomène est produit par la
marée qui arrive du large dans l'embouchure
de la Seine, dont le fond va en s'élevant graduellement et dont les rives vont en se resser-
rant. En vertu d'une loi mécanique bien connue, les ondes se propagent d'autant plus vite
que l'eau est plus profonde. Les premières

vagues de marée arrivant dans une eau moins
profonde, sont ralenties; celles qui viennent
derrière elles les poussent, les dominent, les
dépassent, et ainsi de suite *. La Seine immense coulait tranquillement; mais insensiblement l'Océan la refoule, opposant son courant au sien. Elle lutte, résiste, paraît s'étonner,
combat, fait des concessions, glisse le long
des rivages et des plages, cherche à s'échapper; mais, sourd, l'Océan se fait mur et
avance. Confiante en sa destinée, elle hésite
longtemps encore et change son cours. Elle
semble s'interroger. « Ne sommes-nous pas
dominés parfois par des lois inconnues, par
des forces supérieures?... Pourtant les fleuves
ne remontent pas vers leur source. Sa destinée, sa fin, n'est-elle pas de descendre toujours, de marier ses ondes aux flots de l'Océan,
de se fondre et de mourir en lui? Pourquoi

---

* Le volume *moyen* d'eau de mer refoulé par marée est d'environ trente millions de mètres cubes; le volume moyen des eaux
douces descendantes est de vingt millions de mètres cubes. La
différence entre ces deux volumes s'accroît avec l'intensité des
marées.

donc la repousse-t-il aujourd'hui? Non, ce
n'est pas possible : ce n'est qu'un orage. »
Mais à l'embouchure la mer s'est fermée; un
mur dense, lourd, impénétrable s'est mis à
marcher, poussé par la marée. Il marche, il
s'élève, et toutes les eaux du fleuve réunies
n'arriveront pas à passer par-dessus. A mesure qu'il avance en remontant, il acquiert
plus de force et plus d'énergie. La marée augmente encore. Le flot s'épaissit, se soulève,
s'irrite des dernières résistances de la Seine,
qui descend toujours. Alors, il semble qu'emporté par une implacable fureur, l'Océan sai-
sisse la rivière tout entière, la repousse avec
violence et la force, sans trêve ni merci, à
reculer vers sa source à la vitesse de vingt-
cinq kilomètres à l'heure et sur une longueur
de cinquante kilomètres! Deux heures plus
tard, elle revient, fidèle, calme, oublieuse du
passé, s'abandonner à l'abîme immense. Mais
à chaque marée, deux fois par jour, le même
phénomène se reproduit. Aux jours de faible
marée, il est peu sensible. Aux jours de gran-

des marées, il se présente tel que nous venons de le décrire. Lorsqu'il est contrarié par
le vent, il est plus formidable encore.

*
* *

La Seine devenue mer était encore houleuse et agitée, lorsque les douze coups de
l'heure de minuit s'envolèrent du clocher de
la vieille église. Nous avions suivi le rivage
au loin, en causant de cette mystérieuse attraction lunaire qui agit ainsi sur notre monde,
et de l'harmonie générale des mouvements
célestes qui régit la grande œuvre de l'univers. Qui sait, pensions-nous, si, en dehors
des bruits d'ici-bas, la gravitation rapide de
toutes les sphères dans l'espace ne produit
pas une sorte de mélodie simple et grandiose
aux modulations variées! Ce tumultueux bou-
leversement du fleuve dont nous venions
d'être témoins, est lui-même un produit de

l'harmonie, une complication d'ondes, et sa cause originaire n'est autre que l'attraction elle-même, car c'est elle qui fait descendre l'eau des fleuves, comme c'est elle qui fait monter les marées. Singulière antinomie!... Et nous nous demandâmes si, dans l'humanité comme dans la nature, dans le cours de la vie comme dans l'océan des âges, tous les actes n'auraient pas pour origine, en dernière analyse, une loi suprême : L'ATTRACTION.

★★☆

LES GRANDES MARÉES

AU MONT-SAINT-MICHEL

LES GRANDES MARÉES

Au Mont-Saint-Michel

✱✱✱

Celui qui douterait encore de l'influence attractive de la Lune sur la Terre, celui qui n'aurait pas encore assisté aux mouvements grandioses de la mer, obéissant avec docilité aux lois directrices de l'univers, celui-là n'aura jamais sous les yeux de spectacle plus éloquent, plus imposant, plus magnifique, que l'envahissement de la baie du Mont-Saint-Michel, le jour d'une grande marée d'équinoxe. Nulle part la leçon de la nature n'est mieux donnée; nulle part l'expérience de physique n'est faite sur une plus vaste échelle. Imaginez-vous cette île merveilleuse isolée au milieu d'une plaine de sable, si

17.

étendue qu'elle semble sans bornes. A perte de vue, du côté de la terre comme du côté de la mer, les sables succèdent aux sables, les grèves perpétuent les grèves; pas une oasis, pas une ferme, pas une campagne ne viennent tempérer, par une fleur ou par un sourire, le sévère et silencieux désert qui nous environne.

Assis sur les rochers dorés par le soleil couchant ou debout sur les remparts de l'antique forteresse, voyageurs, pèlerins, contemplateurs, artistes, disséminés par groupes, attendent l'arrivée de la mer. On la distingue au loin, vers l'horizon du Nord et on en retrouve les récents vestiges dans les lacs que les dernières eaux descendantes ont laissé sur les grèves ravagées. Il y a seulement dix heures, toute cette plaine immense était inondée sous les flots mugissants d'une mer en courroux. En ce moment, la marée basse la laisse à découvert et les pêcheurs ou les curieux peuvent la traverser à pied, en tous sens.

Ce matin, la haute mer est arrivée à sept heures. Comme la lune retarde de trois quarts d'heure par jour sur le soleil, c'est à sept heures vingt-trois minutes que la mer atteindra sa plus grande hauteur. Il semble que l'intervalle de douze heures vingt-trois minutes qui sépare deux pleines mers devrait se partager également entre le mouvement de hausse et le mouvement de baisse, et que la basse mer aurait dû avoir lieu aujourd'hui vers une heure douze minutes. Or il n'en est rien. A deux heures, à trois heures, la mer baissait toujours. Il est quatre heures, et elle ne monte pas encore.

A cinq heures, elle ne monte pas davantage, et la rivière du Couesnon, qui de temps immémorial sépare la Normandie de la Bretagne, continue tranquillement son cours vers la mer encore lointaine.

Cependant, un bruit sourd se fait entendre au large. C'est d'abord comme un simple bruissement de feuillage, léger, intermittent, ondulant avec la brise. En prêtant mieux l'oreille, on remarque qu'il est permanent, et l'on pressent en lui le signal précurseur de l'inondation. Malheur au pêcheur, malheur au touriste qui resterait confiant sur l'un de ces îlots de sable déjà séchés par le soleil! Plus d'un aussi a payé de sa vie l'imprudence de se laisser surprendre par la mer envahissante!

Le flot arrive. Le bruit de la mer, plus intense, plus fort, plus général, laisse percevoir le froissement des flots entre eux, l'entrechoquement des vagues. A l'horizon, dans la direction du nord, on distingue une ligne blanche qui semble rouler comme un serpent. Cette ligne blanche se divise, se coupe, se rejoint, se resserre, se divise encore. En voici une autre à l'Ouest qui semble se rapprocher de nous. En voici une autre à l'Est qui semble s'éloigner. Mais quel bruit et quelle ampleur! Où regarder? Où fuir, si nous étions là? La

barre aquatique arrive comme un mur liquide,
ondulant mais formidable. Tout l'Océan est
derrière cette muraille, et c'est lui qui la
pousse. Ah! nous distinguons maintenant la
forme du phénomène, parce que nous domi-
nons jusqu'au loin la vaste plaine liquide. Ce
n'est pas une ligne blanche, ce n'est pas une
muraille, ce n'est pas un torrent, c'est une
nappe, une nappe d'eau immense, miroitante,
qui coule comme un lac de mercure, calme,
tranquille, douce, mais forte, puissante, irrésistible.

*
* *

Le vent soufflait de terre, ce matin, un vent
du Sud-Ouest, violent, mobile, capricieux,
plein de colères; il semblait vouloir lutter avec
le flot, retarder sa marche, empêcher sa domination. Quoi de plus léger, de plus subtil,
de plus insaisissable, de plus invisible que le
vent! Quoi de plus doux, de plus ondoyant,

de plus mobile, de plus fugitif que l'onde? Eh bien! ni le feu, ni la poudre, ni le fer, ni l'airain, ni le volcan, ni le tonnerre n'arriveraient dans tous leurs efforts réunis au résultat produit par cette simple rivalité du vent contre la marée. Soulevés par la tempête, excités par les obstacles, les flots se sont élancés du large, les uns par dessus les autres, les uns contre les autres, furieux, éperdus, comme fous de colère, bondissant sur les rochers, revenant sur eux-mêmes, se précipitant sur les remparts, les bastions, les tours, et le Mont-Saint-Michel tout entier fut enveloppé par l'ouragan maritime. Aucune barque ne put tenir la mer. Non loin de là, sous les remparts de Saint-Malo, un bateau de pêche qui n'avait pu revenir à temps fut jeté sur les récifs où dort Châteaubriand, et les deux matelots qui le montaient furent noyés dans la tempête.

Ce soir, une légère brise glisse coquettement à travers l'atmosphère transparente, et la mer calmée s'avance comme une nappe de mercure réfléchissant la douce lumière des cieux, moirée de rose et de pourpre, bordée d'argent. Mais le flot n'en a pas moins de puissance. Il fait remonter vers sa source le Couesnon, qui descendait tranquillement la pente des grèves. Il avance de toutes parts et inexorablement. La baie de sable, tout à l'heure découverte, ne mesure pas moins de 250 kilomètres carrés. Le flot avance avec la rapidité d'un cheval au galop. Il est six heures, et le soleil se couche dans un rayonnement de gloire empourprée. Dans une heure, la mer aura atteint le fond de la baie. A huit heures, le vaste désert sera recouvert d'une couche d'eau de dix mètres d'épaisseur.

Progressivement, la première nappe avance, sûre de sa force, ici refoulant les eaux du fleuve, plus loin s'étendant comme une tache d'huile sur toutes les dépressions de la plage. Elle n'a pas plus d'un pied d'épaisseur. En voici une seconde, qui s'étend sur la première, la pousse, la domine, interdisant toute hésitation, tout oubli, tout retard dans l'obéissance aux lois de la nature. En voici une troisième qui n'avance pas moins vite et ne recule plus. Elles s'étendent les unes sur les autres, poussant de toutes parts la rive mobile le long des grèves envahies, se fondant ensuite en ondes et en vagues, et bientôt (en moins d'une heure) la mer houleuse se répand sur l'immense baie, entourant entièrement l'île merveilleuse qui semble un palais de granit sculpté par un Titan, dominant l'espace à plus de cent cinquante mètres au-dessus du niveau des flots.

Ce phénomène diffère essentiellement de celui du mascaret, qui, d'autre part est lui-même si fantastique, lorsqu'on l'observe aux jours de grandes marées d'équinoxe à Caudebec et à Villequier. Ici, le fleuve de la Seine, qui remonte avec impétuosité vers sa source, fait songer à une immense armée de chevaux blancs arrivant en lignes serrées, la crinière au vent, et se précipitant avec violence en renversant tout sur leur passage. Au Mont-Saint-Michel, au contraire, l'envahissement de la mer opéré sur une vaste échelle est moins bruyant, moins brusque, moins frappant, moins formidable ; mais, tout en étant plus calme, il est réellement plus fort, plus immense, plus inexorable et nous donne l'impression d'une puissance plus prodigieuse encore *.

L'île granitique du Mont-Saint-Michel, couronnée par la splendide, la merveilleuse abbaye que tout le monde connaît, est unique sur notre planète, et, par sa situation au milieu de l'immense baie qu'elle domine, offre au spectateur, à l'artiste, au naturaliste, au savant, au poète, une curiosité à la fois natu-

* Les grèves du Mont-Saint-Michel n'occupent pas moins de 25 300 hectares, qui, découverts à basse mer, sont submergés aux grandes marées sur une épaisseur de 14, 12, 10, 8, 6 mètres d'eau, suivant les points, soit de 10 mètres en moyenne, c'est-à-dire de *deux milliards cinq cent trente millions de mètres cubes d'eau!* Toute une mer!

18

relle et historique sans seconde. Depuis bien
des siècles déjà, elle fait l'admiration de tous
ceux qui l'ont contemplée. Mais elle a désormais assez vécu pour la valeur intellectuelle
moyenne de l'humanité terrestre, et en particulier pour le sentiment esthétique des Français du XIX° siècle. On vient de déclarer *inutile* la baie du Mont-Saint-Michel. Le gouvernement vient — de laisser faire? non pas —
de construire lui-même une belle digue qui
désormais réunit l'île à la terre ferme, empêche les grandes marées de se croiser en avant
du Mont et d'environner comme autrefois les
remparts de l'antique cité féodale.

. L'île est devenue presqu'île. La digue part
du rivage de Pontorson-Moidray et aboutit aux
remparts même. Une autre digue est commencée dans la direction d'Avranches. On
espère conquérir sur la mer quelques centaines d'hectares de terrains que l'on pourra
ensuite livrer à la culture, et si l'on réussit, le
XX° siècle, qui approche à grands pas, aura
l'insigne honneur de voir disparaître l'île du

Mont-Saint-Michel envahie au Sud-Est par des pâturages de prés salés, des champs de diverses couleurs, et peut-être même par de fructueuses usines et de belles maisons de campagne. On va certainement démolir les remparts pour faire place à une gare, et exproprier les vieilles maisons de la rue trop étroite des antiques chevaliers pour construire un boulevard à l'instar des avenues géométriques de New-York. Quand on songe, en effet, que cette vieillerie du Mont-Saint-Michel *ne sert à rien* et qu'il y a tant de terrain perdu tout autour, on comprend que « ça ne peut pas durer », et qu'il est grand temps de mettre cette valeur négative en actions de banque et de partager ces sables mouvants en lots bien achalandés...

Ah! que la prochaine marée serait donc divinement inspirée de balayer, d'un seul coup, cette digue des ponts et chaussées avec les millions que nos députés ont aveuglément votés pour sa construction. O Lune brillante et pure, qui sur la plaine argentée coupée par la

ligne noire fais glisser tes rayons enchanteurs,
daigne ressentir l'outrage des hommes qui ne
comprennent ni le ciel ni la terre, et par un
phénomène d'attraction dont la patrie du bon
goût te sera éternellement reconnaissante,
concentre tes efforts, tends, ô Diane, ton arc
vers cette plage au doux miroir, lance tes flèches rapides sur les défenseurs du pont-aux-
ânes, et doucement, mystérieusement, divinement, couche les ingénieurs dans les flots
amers, gonfle les vagues, amoncelle les flots,
appelle le Zéphiros; soufflez, renversez la digue impie, et répandez autour de la montagne
céleste ce magique miroir dans lequel se reflète l'un des plus grandioses spectacles de la
nature et l'un des plus hardis chefs-d'œuvre
de l'humanité *.

Mont-Saint-Michel, grande marée de septembre 1882.

---

* Au moment où nous mettons ce volume sous presse, nous
apprenons que le ministre de l'instruction publique et des beaux-
arts vient enfin d'obtenir la démolition de la digue au contact des
remparts. Elle sera légèrement détournée. Ce sera bien. Le mieux
serait de ne pas la conduire jusqu'au rocher et de jeter une immense
arche de pont sous laquelle la mer passerait aux grandes marées.

LA COMÊTE

LA COMÈTE *

* * *

Naguère encore, elle errait comme un rêve dans la nuit noire et glacée des vastes cieux. Invisible, même pour l'œil géant des puissants télescopes, sans lumière et sans consistance, elle était comparable à une boule de vent gravitant dans le vide de l'éther. Mais lorsqu'elle arriva à une centaine de millions de lieues de notre ardent Soleil, elle sentit à travers son être comme un frisson électrique qui l'éveilla, la pénétra, l'enflamma d'une ardeur inattendue, l'illumina de lueurs phosphorescentes. L'aiguille aimantée enfermée dans la boussole palpite, tressaille, s'affole,

perd le nord, lorsque — à trente-sept millions de lieues d'ici — le Soleil est sous le
coup de ces violents orages magnétiques qui
le parsèment de taches énormes ou projettent autour de lui des flammes de cent mille
lieues de hauteur. Plus sensible et plus exci-
table encore, la Comète se met elle-même en
feu, lorsqu'elle est subjuguée par l'attraction
pénétrante de l'astre du jour! Se laissant
glisser avec délices sur la parabole qui la
rapproche du foyer bien-aimé, elle s'envole
vers lui, l'astre trop lointain, avec une ardeur
croissante, dévorant l'espace, doublant, décu-
plant, centuplant de volume ; et bientôt, enveloppée elle-même de gloire et de lumière,
transfigurée d'éclat et de splendeur, elle se
jette à corps perdu dans les flammes du divin
Apollon, qui, parfois, effleure de ses foudres
l'imprudente libellule céleste, mais toujours
la renvoie, sans la brûler, visiter de nouveaux
cieux dans son vol mystérieux et infatigable.

L'immense Comète qui plane tous les matins au-dessus de nos têtes, précédant le
lever du soleil comme un météore avant-
coureur, restera inscrite dans les annales de
la science comme l'une des plus brillantes et
des plus grandioses qui aient jamais apparu
devant les yeux étonnés des mortels. En
vérité, si nous ne connaissions aujourd'hui
la nature de ces apparitions, si nous ne savions qu'elles ne viennent pas déranger
l'ordre des mouvements célestes et qu'elles
ne sont pas associées directement aux affaires de notre humanité sublunaire, l'aspect
inattendu et fantastique de cette oblique colonne de lumière qui se lève lentement à
l'Orient et semble, comme un bras mystérieux, menacer la Terre en se dressant silencieusement dans le ciel étoilé, un tel aspect,
dis-je, serait bien fait pour consterner les

âmes timides, ignorantes de la réalité, et pour les pénétrer d'une impression d'étonnement et de terreur.

La Comète actuelle est si étendue qu'elle met plus d'une heure à se lever tout entière, quoiqu'elle ne soit pas perpendiculaire, mais oblique à l'horizon. Elle est si large, surtout à son lever, qu'elle couvrirait entièrement la ligne des Trois Rois du quadrilatère d'Orion. Elle est si lumineuse que, lorsque son noyau se lève à l'horizon obscur, on croit assister à un lointain incendie, dont la colonne de fumée éclairée serait chassée par un vent du Nord-Est. Il est difficile, en la contemplant, de s'affranchir de l'idée que de tels astres doivent jouer un rôle important, quoique mystérieux encore, dans la constitution de l'Univers.

Elle a été visible à l'œil nu pendant trois jours en plein midi à côté du Soleil, défiant l'éblouissante splendeur de l'astre du jour ! Ce laboratoire céleste devait être alors le siège de conflagrations électriques et calorifiques auprès desquelles nos réactions chimiques les plus puissantes, nos explosions de poudre ou de dynamite, nos canons, nos tonnerres, nos tremblements de terre et nos volcans ne sont que de doux sourires d'enfants au berceau.

Mais essayons de tracer, d'après l'ensemble des documents reçus, l'histoire de cette apparition singulière.

La première notification que nous en avons reçue nous a été adressée par la *Société scientifique Flammarion* de Jaën (Andalousie), le 18 septembre, à huit heures du matin. Depuis la veille, qui était un dimanche, les habitants de Jaën, de Reus, de Linarès, se rendant à la messe, avaient été frappés par l'apparition d'une comète visible à côté du Soleil. Il en avait été de même à Nice

Cette comète était si brillante, qu'elle éclatait à tous les yeux, en plein midi, et à trois degrés seulement du Soleil (ou six fois la largeur de son disque). C'est là un fait auquel nos aïeux classiques se refusaient à

croire, quoique l'histoire en possède plusieurs
exemples. Mais ces exemples sont rares. Nous
ne connaissons que dix comètes qui aient été
vues pendant le jour par des observateurs
dignes de foi. Ces astres mémorables sont :
la comète de l'an 43 avant Jésus-Christ, prise
par les Romains pour l'âme de César, tombé
peu de temps auparavant sous les poignards
de Brutus et de Cassius ; celle du siège de
Jérusalem, en l'an 70 ; les deux comètes de
l'an 1402 ; celles des années 1532, 1577, 1618
et 1744, et celle de 1843, qui est passée si
près du Soleil, qu'elle a traversé ses flammes
supérieures avec la vitesse inconcevable de
cinq cent cinquante mille mètres par seconde !
Le 28 février 1843, son apparition soudaine
près du Soleil avait stupéfié tous les observateurs, comme celle-ci vient de le faire ces jours
derniers. La comète actuelle est la dixième.

Nous avons su depuis qu'elle a été vue dès
le 1er septembre par des navires au golfe de
Guinée et dans les parages des îles Auckland,
dès le 8 à l'observatoire de Melbourne (Aus-

tralie), et le 9 à l'observatoire du Cap de
Bonne-Espérance. Les astronomes l'ont ob
servée jusqu'au 6 avril 1883, c'est-à-dire
pendant plus de six mois.

Elle est arrivée sur le Soleil par l'ouest et
s'en est retournée également par l'ouest, après
avoir fait le tour de l'astre radieux. Le 17 septembre, à 3 heures 46 minutes, *on l'a vue arriver* en contact avec le Soleil (M. Finlay, au
cap de Bonne-Espérance). Elle est passée devant le Soleil relativement à nous ; puis, con-
tournant le foyer de notre système, le touchant
presque à son hémisphère oriental, elle s'est
échappée rapidement de ses flammes pour s'en-
fuir dans les profondeurs de l'espace. La comète
est descendue de l'espace situé au delà du
Soleil ; dans la première partie de sa courbe,
elle marchait en s'approchant à la fois du Soleil et de nous ; dans la seconde partie, elle
s'éloigne à la fois de cet astre et de nous. Dès
le 18, le déplacement des raies de son spectre
vers le rouge indiquait que la comète s'éloi-
gnait de la Terre avec une grande vitesse.

19

Le plus étrange est qu'elle a dû frôler véritablement le corps même du Soleil au passage. Elle ne l'a pas touché, car elle y serait restée; mais elle a traversé l'atmosphère gazeuse dont ce globe colossal est environné, renouvelant l'événement des comètes de 1843 et 1880. Son atmosphère s'est mêlée à celle du foyer central de notre système; mais son noyau est néanmoins sorti sain et sauf de la fournaise, *qu'il a traversée avec la vitesse fantastique de* 480 000 *mètres par seconde!*

La chaleur qu'elle a dû subir est tout simplement terrifiante, inimaginable. La fonte en fusion serait un bloc de glace dans le sein de la comète !

Notre ardente voyageuse a fait le tour de la moitié du globe solaire, — n'oublions pas que ce globe mesure plus d'un million de lieues de circonférence, *en deux heures*, le 17 septembre.

Dans la seule journée du 17 (du 17, quatre heures du matin, au 18 même heure), le noyau de la comète n'a pas parcouru moins de cinq millions de lieues;

Le 18, sa vitesse était de 2 200 000 lieues par jour.

Le 19, cette vitesse était de 2 000 000 ;

Le 20, de 1 900 000 ;

Le 24, de 1 430 000 ;

Le 4 octobre elle était encore de 1 060 000 lieues par jour ;

Le 15, la comète, déjà éloignée à une distance du Soleil égale à celle de la Terre (37 millions de lieues), volait encore en raison de 909 000 lieues par jour.

La tête de la comète mesurait 860 000 kilomètres de diamètre, ou 215 000 lieues. Le noyau proprement dit avait un diamètre de 10 770 kilomètres. Quant à la queue, elle s'étendait sur une longueur de *plus de vingt-cinq millions de lieues* !

De jour en jour elle s'éloigna du foyer central, diminuant de lumière et de grandeur. Le 6 avril, à la date de la dernière observation, elle n'était plus qu'une pâle nébulosité presque imperceptible même dans les plus puissants télescopes. Sa distance au Soleil était

déjà de 140 millions de lieues. Elle poursuivit
son cours jusqu'au delà de l'orbite de Neptune, jusque dans les inaccessibles profondeurs de l'espace *.

* * *

Le passage d'une comète dans les flammes
du Soleil n'est pas sans précédent. Naguère
encore, le 28 janvier 1880, à onze du matin,
la grande comète australe de cette année-là
s'est précipitée sur le Soleil avec une ardeur
prodigieuse : elle a traversé l'atmosphère
solaire, les protubérances hydrogénées, la
couronne et les gloires qui enveloppent à
d'immenses distances le flambeau du jour (de
surface à surface il n'y a eu que quarante

---

* Cette comète est arrivée inopinément, car elle n'appartient
pas à la classe des comètes périodiques connues, et l'on ne
sait pas quand elle reviendra, ni même si elle reviendra
jamais. Cependant on a prétendu que nous l'avions annoncée
On peut voir, en effet, dans les journaux de juillet et d'août
1882, l'annonce que, « d'après les calculs de Flammarion, une

mille lieues) avec une vitesse de cinq cent
mille mètres par seconde! Déjà, le 27 février
1843, une comète aussi étonnante — c'est
peut-être la même — avait fait en deux heures le tour de la moitié du Soleil et était passée à treize mille lieues (de surface à surface)
dans un bond de cinq cent cinquante mille
mètres par seconde! pénétrant davantage encore à travers l'atmosphère flamboyante, su-
bissant une intensité de chaleur inimaginable
(au moins trente mille fois supérieure à celle
que nous recevons nous-mêmes du soleil
tropical), et, sans un instant de ralentissement, se dégageant saine et sauve et s'envo-

grande comète doit arriver au mois de septembre prochain rencontrer la Terre, et produire des phénomènes aussi dangereux
qu'inattendus. » Dans l'Amérique du Sud et à l'île de la Réunion
la prédiction avait même jeté l'alarme parmi un grand nombre
d'esprits, et l'on s'attendait à quelque cataclysme. Dès qu'on
nous eût fait part de cet émoi, nous nous empressâmes de déclarer qu'il était sans fondement, et que les astronomes n'atten-
daient aucune comète pour le mois de septembre. Le hasard est
parfois bien étrange ! A peine notre démenti était-il arrivé que la
comète fit son apparition, et depuis, malgré toutes nos dénéga-
tions, on a persisté à nous attribuer la prédiction de cette voyageuse éthérée.

19.

lant dans l'espace, avec une queue de quatre-vingt millions de lieues de longueur?

Pareil fait était déjà arrivé à la fameuse comète de 1680, observée par Newton.

Or, le foyer solaire lance autour de lui des explosions d'hydrogène incandescent jusqu'à quatre-vingt mille et cent mille lieues de hauteur; ces comètes ont traversé ces flammes sans s'y brûler et sans être arrêtées ni par l'atmosphère incendiée, ni par l'effroyable attraction de cette masse solaire, qui pèse trois cent vingt-quatre mille fois plus que la Terre, et est un million deux cent soixante-dix-neuf mille fois plus volumineuse. La chaleur à laquelle ces comètes ont dû être soumises dépasse toute conception.

Vu de la comète de 1880, le Soleil sous-tendait un angle de quatre-vingt huit degrés, et présentait par conséquent un diamètre cent soixante-cinq fois plus grand que celui qu'il nous présente : il devait briller dans le ciel de la comète comme un disque immense, dont le bord inférieur était encore à l'horizon, lorsque le bord supérieur était déjà près du zénith. Quatre jours après son passage, le 1er février, l'ardente voyageuse paraissait en vue de la Terre, étonnant les astronomes de l'Australie par l'immense jet de lumière qu'elle déployait à travers les constellations. — La comète de 1843 a été vue le lendemain même de son passage au périhélie, le 28 février, en plein jour, visible à l'œil nu à côté du Soleil. — Celle-ci a été également visible à l'œil nu, à côté du Soleil, le jour et le lendemain de son passage au périhélie, comme nous l'avons vu plus haut.

*\
* *

Ah! cette vie vagabonde n'est pas sans périls. Plus d'une en est morte.

Par exemple, la fameuse comète de Biéla. Découverte le 27 février 1826 par Biéla, et dix jours après, indépendamment, par Gam-

bart, qui en calcula les éléments, elle revint
six ans neuf mois plus tard, fidèle au rendez-
vous assigné par le calcul, et il en fut de
même en 1845.

On la suivait tranquillement au télescope,
depuis le 25 novembre 1845, et tout marchait
à la satisfaction générale, quand, spectacle
inattendu, le 13 janvier 1846, l'astre chevelu
se fendit en deux sur toute sa longueur, et
l'on vit dès lors voyager, l'une à côté de l'autre, deux sœurs jumelles, deux comètes complètes, chacune ayant son noyau et sa queue.

Puis elles se séparèrent lentement. Le
10 février, il y avait déjà soixante mille lieues
de distance entre les deux. Elles ne sem-
blaient toutefois se quitter qu'à regret, et
pendant plusieurs jours on crut apercevoir
une sorte de pont jeté de l'une à l'autre.
Bientôt le pont disparut, et l'une des deux
perdit sa queue, en diminuant, du reste, assez rapidement d'éclat. Le couple cométaire
s'enfonça insensiblement dans la nuit infinie.

Qu'allaient-elles devenir? Les astronomes

les suivirent par la pensée, avec inquiétude, pendant la période de leur invisibilité, calculant avec plus de soin encore les perturbations qui pourraient être exercées de loin sur leur marche par les perfides barons des célestes domaines et surtout par le puissant Jupiter. C'est avec satisfaction qu'on les vit reparaître toutes deux six ans neuf mois plus tard, en 1852. Les deux sœurs étaient alors séparées par une distance de cinq cent mille lieues.

Depuis, *elles sont perdues.* Elles devaient revenir en 1859, 1866, 1872 et 1879, et personne n'a jamais rien vu. Je me trompe, le 27 novembre 1872 il nous est tombé du ciel une pluie, une véritable *averse*, d'étoiles filantes : on a évalué le nombre à cent soixante mille ! Elles tombèrent à gros flocons, lignes de feu silencieuses, pendant la nuit entière. Je me trouvais à Rome, et l'événement y fit tant de bruit que le pape Pie IX lui-même s'en préoccupa assez vivement. Comme j'allais le voir le surlendemain, les premières paroles

qu'il m'adressa furent celles-ci : « *Eh bien !*
vous avez vu la pluie de Danaé ? » J'avais admiré, quelques jours auparavant, à Rome
même, de fort gracieuses *Danaés* peintes par
les grands maîtres de l'École italienne, dans
un costume qui ne laissait rien à désirer, et
je m'étonnais d'abord de la question..., mais
il s'agissait de la pluie d'étoiles sur le Jupiter
du Quirinal, sur « Victor-Emmanuel, l'usur-
pateur. »

Chacun sait, depuis les beaux travaux de
l'astronome Schiaparelli, de Milan, que les
étoiles filantes, groupées en essaims, suivent
dans l'espace des orbites elliptiques associées
à celles des comètes. Il n'est pas douteux que
la Terre n'ait traversé ce jour-là, comme un
boulet une nuée de mouches, un vaste essaim
d'étoiles filantes appartenant à la comète dé-
sagrégée, d'autant mieux que le plan de cette
comète coupe précisément celui de l'orbite
terrestre au point où notre planète passe à
cette date. Les étoiles filantes pleuvaient
d'Andromède. Persuadé que, juste à l'opposé

du Ciel on pourrait trouver quelque débris de la comète, un astronome allemand, Klinkerfues, envoya de l'autre côté du globe, à Madras, cette dépêche incompréhensible pour les télégraphistes : *Biéla touché Terre; cherchez près thêta Centaure.* Immédiatement, l'astronome de Madras, Pogson, braqua son télescope vers la zone indiquée, et il y trouva effectivement une pâle nébulosité d'aspect cométaire; mais le mauvais temps qui arriva dans la nuit même et qui dura plusieurs jours empêcha de la suivre, et on ne l'a plus retrouvée.

Le fait du partage d'une comète en plusieurs parties avait déjà été observé en 1664, 1661, 1652, 1618 et en l'an 371 avant notre ère; mais les astronomes n'y croyaient pas.

Quel mystère que la constitution de ces astres étranges! Pâles nébulosités, elles n'ont aucune masse sensible, aucune densité appréciable, et elles ressemblent plutôt à des spectres qu'à des êtres réels. Analysées au spectroscope, elles montrent trois bandes brillantes qui correspondent à celles des hydrocarbures, et dénotent la présence du *carbone*, de l'*hydrogène* et de l'*azote* à l'état d'incandescence. Plusieurs noyaux cométaires ont paru constitués de corpuscules solides immergés au centre de la nébulosité qui forme la tête.

＊ ＊
＊

On s'est souvent demandé ce qui arriverait si une telle comète, dont le volume est si considérable, rencontrait notre planète par l'entre-croisement de leur cours céleste dans l'espace.

Sans doute, il n'est pas impossible que cette occurence se présente et que la Terre puisse être pendant quelques heures plongée dans les vapeurs cométaires, dans lesquelles l'analyse spectrale a constaté la présence dominante de l'hydrogène et du carbone. Nul ne peut prévoir quelles seraient les conséquences physiologiques du mélange chimique de ces

vapeurs délétères et brûlantes avec l'atmosphère que nous avons l'habitude de respirer.
Une diminution dans les proportions de l'oxygène déterminerait probablement dans l'esprit des humains une lourde stupeur : désormais les pensées, les actes, les gestes ne se
produiraient plus que dans une sorte de lenteur valétudinaire et léthargique. Toute affaire cessante, les combinaisons éphémères
de la politique qui passionnent nos fourmiliè-
res nationales, aussi bien que les combinaisons financières dont les fourmis les plus re-
muantes de notre planète se tourmentent
avec un sérieux digne du rire des héros
d'Homère : mouvements de hausse et de
baisse ; combats politiques plus ou moins
sincères... tout s'arrêterait, figé dans le froid
de la terreur, devant la Comète envahissante.

Une diminution de l'azote, au contraire, un
accroissement progressif dans la proportion
de l'oxygène, produirait tout d'abord une satisfaction joyeuse, une gaieté irrésistible,
une expansion de tous les sentiments, bientôt

suivies d'une excitation nerveuse développée
par la combustion plus rapide du sang dans
les poumons et de la circulation dans les artères. Plus d'ennemis! plus de cruelles! L'humanité entière palpiterait des battements d'un
même cœur, battements accélérés, hélas!
jusqu'à l'heure où, les cerveaux eux-mêmes
étant atteints dans leur profondeur par la
combustion de l'oxygène, toutes les populations, transportées de vertige, ne tarderaient
pas à se lancer dans une sarabande universelle, à subir les derniers plaisirs d'une orgie
aboutissant à l'épuisement final : dans un cas
comme dans l'autre, le manteau flamboyant
de la Comète serait devenu le suaire de l'humanité.

Vous trouvez la prophétie d'un fâcheux
augure? J'avoue qu'elle est extrême, et je
m'empresse d'ajouter que, selon toute probabilité, la rencontre de l'un de ces « astres de
terreur », dont le seul aspect faisait trembler
nos pères, n'aboutirait pas à ces désagréables
conséquences. Les calculs s'accordent pour

montrer que. les plus immenses comètes — quelques-unes ont atteint 400 et 500 000 lieues de diamètre : exemple, celle de 1811, dont la queue s'étendait sur une longueur de quarante-quatre millions de lieues,— les calculs, dis-je, montrent qu'elles ne pèsent presque rien, n'ont qu'une très faible densité, et ne pourraient sans doute même pénétrer à travers notre atmosphère. Cependant, il ne faut pas oublier qu'elles sont lancées avec une vitesse formidable, que leur température est fort élevée, puisque leurs éléments sont à l'état d'incandescence, et que plusieurs noyaux ont paru composés d'une agrégation de bolides et d'aérolithes immergés dans un gaz brûlant. Si la rencontre n'était pas mortelle, elle ne serait probablement pas non plus tout à fait inoffensive.

Dans le cas où ce feu d'artifice d'un nouveau genre n'atteindrait pas la vitalité terrestre et laisserait les spectateurs en état d'écrire l'histoire, la nature nous offrirait là une expérience rarissime et grandiose. Il y a si longtemps que l'on attend une vraie rencontre de comète !

Malheureusement... une telle rencontre est tellement improbable — quoique possible — que nul observateur ne peut espérer voir cette belle expérience pendant sa vie. — A tout prendre, c'est regrettable.

＊
＊　＊

Ah ! si seulement la céleste voyageuse pouvait nous raconter son histoire ! Si elle pouvait nous dire quelles régions célestes elle a visitées, quels abîmes elle a traversés, quels mondes elle a rencontrés, quelles humanités l'ont déjà saluée au passage, quelles civilisations trônent sur les terres du ciel, quels génies pensent, quels cœurs battent, quels joies et quels chagrins se succèdent en ces patries différentes de la nôtre ! Si elle pouvait nous apprendre jusqu'où s'étend ce vaste univers, cet océan sans fond dont la terre n'est qu'une goutte, quelle diversité charme le regard de l'esprit qui passe d'un univers à un autre, et quelle infinie variété d'êtres a dû éclore dans les célestes campagnes !

Elle a vu des mondes naître et des mondes mourir : ici des berceaux, là des tombes ! Depuis le commencement de l'éternité, — qui n'a jamais commencé,— des soleils s'éteignent et des genèses s'ouvrent au jour. Le jour viendra où notre soleil assombri n'emportera plus autour de lui dans l'immensité que des planètes obscures. La dernière famille humaine sera venue s'endormir sur le rivage glacé de la dernière mer équatoriale, et désormais la Terre roulera, « dans la nuit éternelle emportée sans retour », comme un sépulcre sans épitaphe : nulle pierre mortuaire ne sera fixée dans l'espace pour marquer la place où la pauvre planète aura rendu le dernier soupir... et, de toutes nos pompeuses et retentissantes histoires, il ne restera pas un lambeau, pas un souvenir.

Peut-être une Comète des temps futurs, passant alors dans le voisinage de cette Terre

où tant d'hommes auront vécu, emportera-
t-elle dans ses flancs, quelques ruines, quelques épaves de notre naufrage céleste, et ira-
t-elle les transporter en d'autres sphères. Rien
ne se perd, rien ne se crée, tout se transforme,
tout ressuscite. La molécule d'acide carbonique qui s'exhale de la poitrine oppressée du
moribond va fleurir dans la rose du parterre;
la molécule d'oxygène qui s'échappe du vieux
chêne en ruines va s'incorporer dans la
blonde tête de l'enfant qui vient de naître. *La
Terre est un astre*, comme Vénus et Jupiter;
nous sommes tous citoyens du ciel sans le
savoir : lorsque nous nous endormons sur la
Terre, c'est pour nous réveiller dans les
étoiles.

* *
* *

Le rôle des comètes dans l'Univers est encore une énigme. Elles semblent faire excep-
tion dans l'harmonie générale des mouve-

ments célestes et traverser cette harmonie comme une fugue étrangère à la mélodie des chœurs. Voyagent-elles d'une étoile à l'autre, c'est-à-dire d'un soleil à l'autre, puisque chaque étoile est un soleil, — et circulent-elles de systèmes en systèmes? Quelques-unes, en traversant nos contrées planétaires, ont subi l'attraction du puissant Jupiter, de Saturne, d'Uranus, qui constamment leur tendent des pièges invisibles; elles ont été capturées, et sont désormais fixées dans notre monde solaire pour ne plus s'en échapper.

Toute comète qui s'est laissé une seule fois détourner de sa route par l'influence attractive d'une planète change absolument de destinée : c'en est fait de la voyageuse intersidérale; après avoir visité le Soleil, la petite nébuleuse devra revenir au point même où elle a subi l'indiscrète influence, et désormais elle gravitera suivant une courbe fermée, suivant une ellipse. Autrement, elle reste libre et peut courir indéfiniment le long des paraboles ou hyperboles ouvertes dans l'infini.

Il est probable qu'en général les comètes qui nous visitent sont des nébulosités abandonnées au commencement du monde solaire, des restes extérieurs de la nébuleuse primitive dont le Soleil, la Terre et toutes les planètes sont des condensations. Insensiblement, le foyer central les attire; elles viennent voltiger autour de lui comme des papillons autour d'une flamme. Un grand nombre peuvent descendre des autres systèmes et être rencontrées par notre république flottante dans notre translation vers la constellation d'Hercule. Tout invite à penser qu'il existe çà et là, disséminées sur les plages célestes, flottantes sur les vagues éthérées, quelques comètes disloquées, ruines des naufrages de millions de mondes, épaves qu'un tourbillon remporte. Képler pensait qu'il y a autant de comètes dans le ciel que de poissons dans l'Océan.

L'analyse de leur lumière montre en général — rapport assez inattendu — un spectre analogue à celui de la flamme de l'alcool. Autre coïncidence, plus profonde et plus importante : le fait de la présence du carbone, de l'oxygène et de l'azote dans ces laboratoires du ciel, est d'autant plus remarquable, que la vie a précisément commencé sur notre planète par la combinaison chimique du carbone avec l'hydrogène, l'oxygène et l'azote, pour former les premières cellules albuminoïdes.

Ces mystérieuses exploratrices de l'infini seraient-elles destinées à recueillir les derniers soupirs des planètes défuntes et à semer la vie sur les mondes futurs?...

Mais arrêtons-nous : les ailes de ces blondes messagères nous emporteraient jusqu'aux étoiles — dont *la plus proche* plane à *huit mille milliards* de lieues d'ici. Le voyage serait un peu long : il l'est déjà; revenons sur la Terre.

✱ ✱ ✱

LES FLAMMES DU SOLEIL

LES FLAMMES DU SOLEIL

Les idées simples primitivement inspirées par la contemplation des spectacles de la nature ont été généralement modifiées, transformées, parfois complètement détruites, par l'analyse scientifique des phénomènes. Mais bien souvent aussi la marche progressive des découvertes, modifiant à son tour les théories classiques, a ramené les esprits vers les opinions anciennes et a ressuscité ces idées en leur donnant un nouveau corps et une nouvelle vie. C'est ce qui arrive pour le Soleil.

Ce n'était plus guère, en effet, que dans la poésie et dans la musique que l'on entendait, en notre siècle, parler des *flammes* du Soleil. Il y avait sous ce mot comme un parfum my-

thologique que les siècles avaient dû évaporer depuis longtemps. Depuis les travaux de
William Herschel surtout, c'est-à-dire depuis
la fin du siècle dernier, l'astre du jour semblait avoir perdu ses feux. On sait que, pour
des raisons théologiques, William Herschel
croyait le Soleil habitable et habité. Son
globe, aussi massif que la Terre, était considéré par lui, par Wilson et par leurs contemporains, comme environné d'une atmosphère
immense couronnée d'un éternel dôme de
nuages resplendissants. Les astronomes de la
première moitié de notre siècle ont admis
cette théorie. On avait bien remarqué, pendant les éclipses totales de Soleil, des proéminences rouges débordant autour de la Lune,
et des nuages lumineux de la même nuance,
paraissant suspendus autour de l'astre central; mais on n'était pas disposé à les attribuer au Soleil. Quelques théoriciens, plus
royalistes que le roi, allaient même jusqu'à
prétendre que non seulement le Soleil n'est
pas enflammé, mais qu'il est un véritable bloc

de glace et que la chaleur lumineuse que nous en recevons est un phénomène subjectif.

Voici maintenant les flammes du Soleil ressuscitées pour ne plus s'éteindre. Cette qualification de *flammes* est même beaucoup mieux appropriée à la nature du phénomène que les mots actuellement employés de proéminences, de protubérances, d'explosions ou de nuages, car elle répond mieux à la légèreté, à l'inconsistance des aspects observés, aux formes aériennes, évaporées, changeantes des lueurs aperçues, à l'état calorifique de l'atmosphère solaire au sein de laquelle s'exhale et s'envole l'hydrogène incandescent. Il y a, sur la terre même, flammes et flammes. Sans abuser de la métaphore, n'observe-t-on même pas quelquefois des flammes froides? Le feu follet qui voltige la nuit sur les tombeaux a-t-il jamais brûlé autre chose que l'esprit du spectateur affolé qui le rencontre? Les lueurs empourprées de l'aurore boréale ne sont-elles pas aussi froides que l'atmosphère du pôle? Quel contraste entre ces flammes

inoffensives et celles de la fournaise versant
en flots de feu dans l'arène l'ardent métal aux
bouillonnements éblouissants et emplissant la
forge d'une étouffante chaleur! Quel abîme
entre la douce et silencieuse flamme qui se
détache en s'envolant de la bougie prête à
s'éteindre et l'étourdissant éclair de la poudre qui éclate en semant sur son passage la
mitraille et la mort! La variété, la diversité
des phénomènes chimiques et physiques ex-
primés par ce même mot justifient amplement
son application générale aux protubérances
solaires.

* *
* *

Ces flammes du Soleil, nous ne les voyons
(au spectroscope) se détacher sur le fond du
ciel que le long de la circonférence solaire;
nous ne les distinguons que lorsqu'elles se
présentent ainsi de profil. Il faut que par l'esprit nous considérions le globe immense du

Soleil comme environné, hérissé de toutes parts, de flammes s'élevant dans son atmosphère et s'étendant parfois en nappes de feu dans les hauteurs illuminées.

La surface solaire que nous voyons et qui dessine pour nous le globe de l'astre, supporte une nappe de feu écarlate de laquelle s'élèvent constamment une multitude de flammes, véritable et perpétuel incendie. L'éblouissante lumière de l'astre du jour rend pour nous ces flammes invisibles (elles sont d'ailleurs transparentes) comme elle rend invisibles les étoiles. Avant l'invention du spectroscope, on ne les apercevait qu'aux rares instants des éclipses totales, lorsque le disque lunaire, venant s'interposer entre le Soleil et nous, masquait l'éblouissement solaire et permettait de distinguer son entourage. On conçoit que de telles observations, réduites à quelques minutes, diminuées encore par la surprise et l'étrange beauté du phénomène, étaient nécessairement fugitives et imparfaites. Maintenant on les observe tous les jours.

21.

La couche gazeuse qui enveloppe le Soleil, l'océan de feu, mesure de sept mille à huit mille kilomètres de profondeur. La Terre, en roulant dedans, ne serait pas submergée; mais elle entraînerait avec elle des flammes qui la lècheraient le long de son parcours.

De là s'élancent des flammes gigantesques s'élevant jusqu'à cent mille, deux cent, trois cent, quatre cent, et même cinq et six cent mille kilomètres de hauteur! Le 7 octobre 1880, Young en a observé une qui, en une heure, s'éleva à la hauteur de cinq cent soixante mille kilomètres, se divisa en filaments et s'évanouit. Lorsque les protubérances ne dépassent pas douze mille kilomètres, soit l'épaisseur de la Terre, les astronomes ne les comptent pas. La Terre en feu posée au bord du Soleil et vue d'ici ne serait pas remarquée ou à peine. Le quart des protubérances observées surpasse quarante mille kilomètres. Celles de cent mille kilomètres ne sont pas rares.

Elles présentent les formes les plus variées. Les unes, désignées plus spécialement sous

le titre d'*éruptions*, s'élancent comme des explosions jusqu'aux élévations fantastiques que
nous venons de dire. Les autres, désignées
sous le nom de *nuageuses*, ressemblent tout à
fait aux nuages suspendus dans notre atmosphère ; quelquefois elles paraissent posées sur
le bord du Soleil comme un banc de nuages à
l'horizon, mais généralement, lorsqu'on les
voit entièrement jusqu'en bas, on remarque
qu'elles sont réunies à la chromosphère par
de minces colonnes ; quelquefois aussi la surface inférieure est bordée de filaments dirigés
vers le bas, rappelant une pluie d'orage qui
tombe d'un gros nuage. Les flammes éruptives
ne sont pas de longue durée ; elles s'élancent
dans les hauteurs célestes avec une vitesse
inimaginable, se déploient souvent comme un
bouquet de feu d'artifice et retombent en pluie
de feu sur la surface enflammée où elles s'éva-
nouissent en s'étendant comme une fumée rose ;
parfois on croit voir les flammes d'un violent
incendie chassées par le vent. Les protubérances nuageuses durent longtemps, au con-

traire, parfois plusieurs jours, parfois plusieurs
semaines. Ces explosions formidables sont souvent lancées avec des vitesses d'autant plus
surprenantes que la surface du Soleil n'étant ni
solide ni liquide ne présente pas la résistance
qui devrait correspondre à des éruptions volcaniques ou à des projections quelconques. Il
faut croire que c'est là un gaz extraordinai-
rement condensé et dans un état quasi-liquide
et peut-être visqueux comme de la poix. On a
mesuré des vitesses de trois cent mille et
quatre cent mille mètres par seconde.

Mais qu'est-ce encore que toutes ces flammes de cinq et six cent mille kilomètres de
hauteur devant les magnificences de la *couronne* solaire qui enveloppe constamment l'astre éblouissant dans une auréole de gloire et
de lumière, et qui lance des rayons jusqu'à
des distances supérieures au diamètre tout
entier du Soleil! Quels rayonnements! quelle
grandeur! Nous commençons seulement aujourd'hui à posséder les éléments de la solu-
tion de cet important problème.

Important, en effet, comme tout ce qui touche à la vie. « L'ordre de choses actuel, écrit Young, semble être borné, dans l'avenir comme dans le passé, par des catastrophes terminales, qui sont voilées par des nuages jusqu'à présent impénétrables. » C'est surtout la question de la chaleur solaire et de l'entretien ;de ces flammes qui nous intéresse ie plus. Il est certain que cette température est si élevée que nulle de nos combinaisons chimiques n'y est possible et que les éléments y restent *dissociés*. C'est un feu si chaud qu'il ne brûle plus! L'évaluation thermométrique la plus probable est dix mille degrés; un être qui sortirait de cette température et qui se coucherait sur une plaque de fer chauffée à blanc ou sur une coulée de fonte en fusion croirait s'étendre sur de la neige. Les rayons solaires concentrés au foyer d'une lentille fondent instantanément le platine, l'argile, le diamant lui-même; or, cette température ainsi obtenue ne peut évidemment dépasser celle de l'origine, l'effet de la lentille étant simplement de rapprocher l'objet virtuellement vers le Soleil, à une distance telle que le disque solaire y paraîtrait égal à la lentille elle-même vue de son propre foyer. La lentille la plus puissante qu'on ait encore construite transporte ainsi virtuellement un objet qui est à son foyer à quatre cent mille kilomètres ou à cent mille lieues de la surface solaire. On en conclut avec certitude que si le Soleil se rapprochait de nous à la distance de la Lune, la Terre entière fondrait comme une boule de cire et s'évaporerait en grande partie *.

Il est fort heureux pour nous que l'astre du jour soit si éloigné. Bien éloigné, en effet! Sa

---

* M. Langley a fait en 1878 une étude bien intéressante sur l'intensité de la lumière solaire comparée à celle du métal fondu dans un convertisseur Bessemer. L'éclat de ce métal est si éblouissant que le courant de *fer fondu*, qui est versé pour former le mélange, semble brun foncé en comparaison, comme du café noir dans une tasse blanche. La comparaison fut conduite de telle sorte que, avec intention, tout avantage fût laissé à la fonte incandescente et qu'on ne tînt pas compte de l'affaiblissement de la lumière solaire dans l'air enfumé de la forge. Eh bien, en dépit de tous ces avantages, la mesure photométrique montre que la lumière solaire était encore cinq mille trois cents fois plus brillante que celle du métal incandescent!

distance est de cent quarante-huit millions de kilomètres. Les impressions se transmettent le long de nos nerfs avec la vitesse de trente mètres par seconde. Si l'on pouvait imaginer un enfant ayant le bras assez long pour toucher le Soleil et s'y brûler, cet enfant ne sentirait jamais la brûlure : pour se rendre de sa main à son cerveau, l'impression nerveuse n'emploierait pas moins de cent cinquante ans; l'enfant serait devenu un vieillard et serait mort longtemps avant que la douleur eût pu se transmettre du bout du bras au cerveau.

A la vitesse constante d'un kilomètre par minute, un train rapide emploierait cent quarante-huit millions de minutes pour se rendre d'ici au Soleil... soit deux cent soixante-six ans... la durée de sept générations humaines !

*
* *

Qui pourrait imaginer, qui pourrait dépeindre les ardeurs de ce feu céleste, assez intense

pour faire bouillir par heure deux trillions
neuf cent milliards de kilomètres cubes d'eau
à la température de la glace, assez riche pour
brûler encore sans arrêt pendant dix millions
d'années? Si nous pouvions nous en approcher sans être vaporisés comme une goutte
d'eau tombant sur un fer rouge, sans être
aveuglés dans l'éblouissement infernal, nous
verrions, stupéfiés par le vertige, un océan lumineux, sans rivages, un océan de flammes
dont les vagues agitées ont presque la hauteur
du diamètre de la Terre, au sein desquelles
et au-dessus desquelles, à travers les éclats
fulgurants du tonnerre, les orages et les
éclairs, s'élèvent, s'élancent, retombent,
flamboient, se brisent en furie, se déchirent
et se renouvellent, des montagnes de feu de
la dimension de notre planète et plus volumineuses encore, lancées vers le ciel par la main
monstrueuse d'invisibles Titans, s'épanouis-
sant dans l'atmosphère incendiée, se développant en nuages de lumière, ou retombant en
pluie de feu sur l'océan qui toujours brûle.

D'immenses rayons de lumière s'en vont au
loin, à des millions de kilomètres, dans toutes
les directions, projetant comme des phares
l'éblouissante lumière dans l'espace empli de
météores tourbillonnants. Phénomènes grandioses dans lesquels la chaleur, la lumière,
l'électricité, le magnétisme, agissent ensemble avec une énergie si effroyable que nos ouragans les plus violents, nos volcans et nos
tonnerres ne sont devant eux que de passa-
gers sourires dans le rêve d'un enfant endormi.

Et comment concevoir, par-dessus toutes
ces forces géantes, le contre-coup magnétique
que nous en ressentons d'ici, à trente-sept
millions de lieues de distance ? Cependant
cette mystérieuse connexion n'est plus con-
testable aujourd'hui *.

* Il y a longtemps que la nature nous invitait à la prendre
en sérieuse considération. Ne se souvient-on pas que pendant le
jour qui a précédé la fameuse aurore boréale du 2 septembre
1859 (laquelle s'étendit sur le globe tout entier, Italie, Cuba,
Indes, Australie, États-Unis, etc.), M. Carrington d'une part,
M. Hodgson d'autre part, avaient été violemment frappés par une
explosion de lumière éclatant au milieu d'un groupe de taches

* *
* *

Comment ne pas nous intéresser à l'étude de ce divin Soleil! C'est lui qui nous fait vivre, et toutes les destinées de la Terre sont suspendues à ses rayons. Il est à la fois la main qui nous soutient dans l'espace, le flambeau qui nous éclaire, le foyer qui nous échauffe, la source puissante d'où dérivent toutes les énergies. Comme l'exprimait déjà, il y a dix-huit siècles, une heureuse métaphore de Théon de Smyrne, il est véritablement *le cœur* de l'organisme universel, car ses palpitations lancent tout autour de lui

solaires? Le premier observateur compare cet éclair à un rayon de lumière qui aurait traversé l'écran attaché à l'objectif pour prendre la projection des taches, le second à l'éclat de l'étoile de première grandeur Véga vue au télescope. Cette apparition lumineuse dura de onze heures dix-huit minutes à onze heures vingt-trois minutes et s'évanouit. L'impression de M. Carrington (on ne songeait pas encore aux protubérances) est qu'elle avait dû se produire à une hauteur considérable au-dessus de la tache, dont

dans l'espace les flots de la vitalité planétaire.
S'il s'arrêtait un instant, s'il variait dans son
éclat, si son énergie calorifique devenait plus .
violente, ou si son émission était tout d'un
coup paralysée, l'humanité tout entière se
sentirait frappée au cœur, et, toute activité
personnelle cessant, nous attendrions sans
espoir l'universelle agonie. Aussi sûrement
que la force qui fait marcher une montre dérive de la main qui l'a remontée, autant il est
certain que toute puissance terrestre descend
du Soleil. C'est lui qui maintient l'état liquide
de l'océan profond, du fleuve qui roule à travers les campagnes, du ruisseau qui gazouille
ou de la source qui murmure; car sans lui
l'eau serait roche. A lui nous devons le vent
qui souffle, le nuage qui passe, l'herbe qui

l'aspect n'en fut d'ailleurs aucunement affecté. A ce même instant,
les instruments magnétiques de l'Observatoire de Kew se montrè-
rent agités et indiquèrent l'existence d'une violente tempête magnétique; l'aurore boréale qui fut visible le soir était déjà commencée; les lignes télégraphiques de l'Angleterre cessèrent de
fonctionner. Depuis cette époque, la correspondance entre les
taches solaires et le magnétisme terrestre a été surabondamment
démontrée.

verdit, la forêt qui croît, la fleur qui brille et parfume. C'est lui qui fait tourner la Terre, lui qui ramène le printemps, lui qui gémit dans la tempête, lui qui chante dans le gosier infatigable du rossignol. Le cheval qui marche n'agit que par le combustible qu'il a emprunté au Soleil; le moulin qui tourne est mû par l'astre bienfaisant. Le bois qui nous chauffe en hiver est du soleil en fragments; chaque décimètre cube, chaque kilogramme de bois a été fabriqué par la chaleur solaire. Et dans la nuit noire, sous la pluie ou la neige, le train bruyant et aveugle qui fuit comme un serpent, s'engouffre sous les montagnes, sort en sifflant et se précipite à travers le brouillard au sein des nuits glacées d'hiver, cet animal artificiel est encore un enfant du dieu-Soleil; car le charbon de terre qui nourrit ses entrailles c'est encore du soleil emmagasiné il y a des millions d'années dans les forêts géologiques de la période houillère. Le Soleil vient à nous sous forme de chaleur, il nous quitte sous forme de chaleur; mais, entre son arrivée et son départ, il a fait naitre toutes les puissances vitales de notre globe.

Et quel prodige! quel pouvoir! quelle énergie! quelle splendeur!... La chaleur émise par le Soleil *à chaque seconde* est égale à celle qui résulterait de la combustion de onze quatrillions six cent mille milliards de tonnes de charbon de terre brûlant ensemble!

Cette même chaleur ferait *bouillir* par heure deux trillions neuf cent milliards de *kilomètres cubes* d'eau à la température de la glace!

Évaluer sa température en degrés est de toute impossibilité.

Nous appelons flamme et feu ce qui brûle; mais les gaz de l'atmosphère solaire sont élevés à un tel degré, qu'il leur est impossible de brûler. Ils sont dissociés et ne peuvent se combiner. On voit les vapeurs du magnésium, du fer et d'un grand nombre de métaux, imprégner l'hydrogène incandescent. Si nous appelons la couche superficielle du globe solaire un océan de feu, il faut songer que c'est un océan plus chaud que la fournaise embra-

22.

sée la plus ardente et en même temps plus
profond que l'Atlantique est large. Si nous
appelons ouragans les mouvements observés
sur le Soleil, il faut remarquer que nos ouragans soufflent avec une force de cent soixante
kilomètres à l'heure, tandis que là ils soufflent
avec une violence de cent soixante kilomètres
par seconde; nos plus impétueuses tempêtes
ne sont que de légères brises! Comparerons-
nous les explosions solaires à nos éruptions
volcaniques? Le Vésuve a enseveli Hercula-
num et Pompeï sous ses laves : une éruption
solaire s'élevant instantanément à cent mille
kilomètres de hauteur engloutirait la Terre
entière sous sa pluie de feu et en quelques
secondes réduirait en cendres toute la vie
terrestre! Cette couche embrasée, ces parti-
cules éblouissantes, dansent sur un océan de
gaz; cette surface granulée n'est, à proprement parler, ni solide, ni liquide, ni gazeuse;
elle est nuageuse, et repose sur le globe solaire qui paraît formé d'un gaz énormément
condensé.

Cet énorme globe solaire est un million
deux cent quatre-vingt mille fois plus volumi-.
neux que la Terre et ne mesure pas moins de
un million trois cent quatre-vingt-deux mille
kilomètres de diamètre. Il pèse à lui seul autant que trois cent vingt-quatre mille terres
réunies.

* *
*

Et maintenant, comment s'entretiennent
cette chaleur et cette lumière? Trois causes
principales paraissent en jeu : la contraction
du globe solaire, la chute des météores à sa
surface et les dégagements de chaleur produits par les combinaisons chimiques. La première cause doit être la plus importante. Tout
corps qui tombe et qui est arrêté dans sa chute
produit une certaine quantité de chaleur, et
la quantité de chaleur produite est la même,
que le corps soit arrêté brusquement ou successivement ralenti par des résistances. Si,

comme c'est probable, le globe solaire est le
résultat de la condensation d'une immense
nébuleuse qui s'étendait primitivement au
delà de l'orbite de Neptune, la chute des molécules jusqu'au point de concentration actuelle a fourni environ dix-huit millions de
fois autant de chaleur que le Soleil en donne
maintenant par an. Il en résulterait que le
Soleil n'aurait que dix-huit millions d'années
d'existence. D'autre part, étant donné que ce
soit la seule source de la chaleur solaire, cet
astre continuant de se condenser serait réduit
à la moitié de son diamètre actuel dans cinq
millions d'années au plus tard, et comme, à
cette dimension, il aurait huit fois sa densité
actuelle, il deviendrait liquide et sa température commencerait à décroître, de telle sorte
que dans dix millions d'années environ sa
chaleur ne serait plus suffisante pour entretenir un état de vie analogue à celui de la
vie actuelle. La vie totale du système solaire
ne surpasserait pas, dans cette hypothèse,
trente millions d'années. La chute des ma-

tières météoriques pourrait l'accroître d'autant, ce qui conduirait à soixante millions d'années. Il est prudent d'ajouter que nous ne connaissons pas toutes les ressources de la nature et que probablement ce prodigieux rayonnement s'entretient encore par d'autres causes.

Quoi qu'il en soit, la constitution physique du Soleil est l'un des plus curieux et des plus importants sujets d'études qui s'offrent à notre attention, et tout esprit qui s'intéresse aux choses de la nature ne peut s'empêcher d'être à la fois impressionné par ces grandeurs et attiré par ces problèmes, dont l'étude double pour nous le plaisir de vivre.

★★★

LES PREMIERS JOURS DE LA TERRE

ET LA LOI DU PROGRÈS

LES PREMIERS JOURS DE LA TERRE

Et la Loi du Progrès

★ ★ ★

Il n'est certes aucun épisode de l'histoire des nations, aucune passion du caractère humain, aucun aspect de la physionomie mobile et changeante de l'humanité, qui n'ait eu son roman, écrit dans toutes les langues et interprété sous toutes les formes. Notre grande patrie terrestre a, elle aussi, son histoire, ou, pour mieux dire peut-être, son roman, car sa vie déjà si longue reste enveloppée de mystères que les diverses sciences réunies ont à peine commencé à soulever. Ce n'est pas que l'histoire de la Terre n'ait été maintes fois écrite déjà, depuis Aristode, Pline et Lucrèce jusqu'à Buffon, jusqu'à Cuvier, et jusqu'à

23

M. Faye, qui vient de nous donner tout récemment son nouvel ouvrage sur « l'Origine du monde ». Nous n'aurions pas, du reste, la prétention de publier ici une véritable « Histoire de la Terre » c'est-à-dire un traité technique de cosmogonie, de géologie, de paléontologie et de physiologie. Mais peut-être ne sera-t-il pas désagréable à un certain nombre de nos lecteurs de faire une excursion à la fois philosophique et scientifique dans le domaine du passé, et de voir ressusciter un instant sous leurs yeux le panorama des âges disparus. Les dernières découvertes faites dans les diverses branches des connaissances humaines semblent se réunir en ce moment pour nous inviter à résumer l'enseignement qu'elles nous apportent. Nous essaierons de donner un exposé à la fois complet et succinct. Chaque minute de notre récit résumera peut-être cent mille ans d'histoire réelle, et dix minutes représenteront un million d'années : ce sera minuscule ; mais ce sera suffisant. Le plus vaste paysage peut tenir dans le cadre du

plus petit miroir ; la goutte de rosée qui
tremble sur la corolle de la rose reflète le
soleil tout entier.

* *
*

Il fut un temps où l'humanité n'existait pas.
La Terre offrait alors un aspect tout différent
de celui qu'elle présente de nos jours. Au lieu
de la vie intelligente, laborieuse et active qui
circule à sa surface ; au lieu de ces villes popu-
leuses, de ces villages, de ces habitations, de
ces champs cultivés, de ces vignes, de ces
jardins ; de ces routes, de ces chemins de fer,
de ces navires, de ces usines, de ces ateliers ;
de ces palais, de ces monuments, de ces
temples ; au lieu de cette incessante activité
humaine qui exploite actuellement toutes les
forces de la nature, pénètre les profondeurs
du sol, interroge les énigmes du ciel, étudie
les événements de l'univers et semble con-

centrer sur elle-même l'histoire entière de la
création, il n'y avait que des forêts sauvages
et impénétrables, des fleuves coulant silencieusement entre des rives solitaires, des
montagnes sans spectateurs, des vallées sans
chaumières, des soirs sans rêveries, des nuits
étoilées sans contemplateurs. Ni science, ni
littérature, ni arts, ni industrie; ni politique,
ni histoire; ni parole, ni intelligence, ni
pensée. Alors, les drames et les comédies de
la vie humaine étaient inconnus sur notre
planète. L'affection comme la haine, l'amour
comme la jalousie, la bonté comme la méchan-
ceté, l'enthousiasme, le dévouement, le sacri-
fice, tous les sentiments, nobles ou pervers,
qui constituent la trame de l'étoffe humaine,
n'étaient pas encore éclos ici bas. Les citoyens
de la patrie terrestre existaient sans le savoir
et travaillaient sans but. C'étaient le lourd
mastodonte écrasant sous ses pas les fleurs
déjà écloses dans les clairières, le colossal mé-
gathérium fouillant de son museau les racines
des arbres, le mylodon robustus rongeant les

branches basses des cèdres, le dinotherium giganteum, le plus grand des mammifères terrestres qui aient jamais vécu, plongeant ses longues défenses au fond des eaux pour en arracher les plantes féculentes. C'étaient aussi les singes mésopithèques et driopithèques, qui gambadaient avec agilité sur les collines de la Grèce antédiluvienne, et commençaient la famille sur les hauteurs du Parthénon.

En ces temps reculés, Paris sommeillait dans l'inconnu de l'avenir. Une antique forêt avait étendu son manteau sombre sur la France entière, la Belgique et l'Allemagne. La Seine, dix fois plus large que de nos jours, inondait les plaines où la grande capitale développe aujourd'hui ses splendeurs; des poissons qui n'existent plus se poursuivaient dans ses ondes; des oiseaux qui n'existent plus chantaient dans les îles; des reptiles qui n'existent plus circulaient parmi les rochers. Autres espèces animales et végétales, autre température, autres climats, autre monde!

23.

En remontant plus loin encore dans l'histoire de la Terre, nous rencontrerions une époque où Paris et la plus grande partie de la France étaient plongés au fond des eaux, où la mer s'étendait de Cherbourg à Orléans, à Lyon et à Nice, où la surface de l'Europe ne ressemblait en rien à ce qu'elle est actuellement, où la faune et la flore différaient si étrangement de celles qui leur ont succédé, que sans doute, les habitants de Vénus ou de Mars nous ressemblent davantage. D'épouvantables ptérodactyles aux larges ailes sautaient dans le ciel, vespertillons des rêves de la Terre, et ces dragons volants, ces chauves-souris géantes, étaient alors les souverains de l'atmosphère. Le dimorphodon macronyx, le crassirostris et le ramphorynchus, aussi barbares que leurs noms, perchaient sur les arbres, s'aidaient des pieds et des mains pour grimper sur le haut des rochers, s'élançaient dans les airs en ouvrant leurs parachutes membraneux et se précipitaient dans les eaux comme des amphibies. En même temps, les

sauriens gigantesques, l'ichthyosaure et le
plésiosaure, se combattaient au sein des flots
agités, remplissant l'air de leurs hurlements
féroces, monstres macrocéphales aux larges
mâchoires, dont la taille ne mesurait pas
moins de dix ou douze mètres de longueur.
Et quelles têtes! (On a compté jusqu'à deux
mille soixante-douze dents dans la tête de
certains dinosauriens.) L'iguanosaure et le
mégalosaure animaient la solitude des forêts,
au sein desquelles des arbres gigantesques, des
fougères arborescentes, des sigillaires, des
cycadées et mille conifères, élevaient leurs
cimes pyramidales ou arrondissaient leurs
dômes de verdure. Des iguanodons de la
forme du kangourou, atteignaient quatorze
mètres de longueur : en appuyant leurs pattes
sur l'une de nos plus hautes maisons, ils auraient pu manger au balcon d'un cinquième
étage... Quelles masses prodigieuses ! Quels
animaux et quelles plantes relativement à
notre monde actuel ! Ces êtres fantastiques
valent bien ceux que l'imagination humaine

a inventés, dans les centaures, les faunes, les griffons, les hamadryades, les chimères, les goules, les vampires, les hydres, les dragons, les cerbères, et ils sont réels ; ils ont vécu, au sein des primitives forêts ; ils ont vus les Alpes, les Pyrénées, sortir lentement de la mer, s'élever au-dessus des nues et redescendre. Ils ont marché dans les avenues ombreuses de fougères et d'araucarias. Paysages grandioses des âges disparus ! nul regard humain ne vous a contemplés, nulle oreille n'a compris vos harmonies, nulle pensée n'était éveillée devant vos magiques panoramas. Pendant le jour, le soleil n'éclairait que les combats et les jeux de la vie animale. Pendant la nuit, la lune brillait silencieuse au-dessus du sommeil de la nature insconsciente.

Depuis la naissance de la Terre, depuis l'époque reculée où, détachée de la nébuleuse

solaire, elle exista comme planète, où elle se
condensa en globe, se refroidit, se solidifia et
devint habitable, tant de millions et de millions d'années se sont succédé, que l'histoire
tout entière de l'humanité s'évanouit devant
ce cycle immense. Quinze ou vingt mille ans
d'histoire humaine ne représentent certainement qu'une faible partie de la période géologique contemporaine. En accordant (ce qui
est un minimum) cent mille ans d'âge à l'é-
poque actuelle, que ses caractères vitaux signalent comme étant la quatrième depuis le
commencement de notre monde, et qui porte
en géologie le nom d'époque quaternaire, l'âge
tertiaire aurait duré quatre cent soixante mille
ans, l'âge secondaire deux millions trois cent
mille, et l'époque primaire plus de six millions d'années. Cette lente succession représente un total de près de dix millions d'années
depuis les origines des espèces animales et
végétales relativement supérieures. Mais ces
époques avaient été précédées elles-mêmes
d'un âge primordial pendant lequel la vie

naissante ne consistait qu'en organismes rudimentaires primitifs, en espèces inférieures,
algues, crustacés, mollusques, invertébrés,
et cet âge primordial paraît occuper les cin-
quante-trois centièmes de l'épaisseur des
formations géologiques, ce qui lui donnerait,
à l'échelle précédente, dix millions sept cent
mille ans pour lui seul.

Ces vingt millions d'années du calendrier
terrestre peuvent représenter l'âge de la vie.
Mais la genèse des préparatifs avait été incomparablement plus longue encore. La période
planétaire antérieure à l'apparition du premier
être vivant a surpassé considérablement en
durée la période de la succession des espèces.
Des expériences judicieuses conduisent à
penser que pour passer de l'état liquide à
l'état solide, pour se refroidir de 2000° à 200°,
notre globe n'a pas demandé moins de trois
cent cinquante millions d'années.

Quelle histoire que celle d'un monde ! Essayer de la concevoir, c'est avoir la noble ambition de s'initier aux plus profonds et plus

importants mystères de la nature, c'est désirer
pénétrer dans le conseil des dieux antiques
qui s'étaient partagé le gouvernement de
l'Univers. Et comment ne pas s'intéresser à
ces merveilleuses conquêtes de la science
moderne, qui, en fouillant les tombeaux de la
terre, a su ressusciter nos ancêtres disparus !
A l'ordre du génie humain, ces monstres antédiluviens ont tressailli dans leurs noirs sé-
pulcres, et, depuis un demi-siècle surtout, ils
se sont levés de leurs tombeaux, un à un,
sont sortis des carrières, des puits de mine,
de tunnels, de toutes les fouilles, et ont reparu
à la lumière du jour. De toutes parts, péni-
blement, lourdement, léthargiques, brisés en
morceaux, la tête ici, les jambes plus loin,
souvent incomplets, ces vieux cadavres, déjà
pétrifiés au temps du déluge, ont entendu la
trompette du jugement de la science, et ils
sont ressuscités, se sont réunis comme une
armée de légions étrangères de tous les pays
et de tous les siècles, et les voici qui maintenant défilent devant nous, étranges, bizarres,

inattendus, gauches, maladroits, monstrueux, paraissant venir d'un autre monde, mais forts, solides, satisfaits d'eux-mêmes, semblant avoir conscience de leur valeur et nous disant dans leur silence de statues : « Nous voici, nous, vos aïeux ; nous, vos ancêtres ; nous, sans lesquels vous n'existeriez pas. Regardez-nous et cherchez en nous l'origine de ce que vous êtes, car c'est nous qui vous avons faits. Vos yeux, avec lesquels vous sondez l'infiniment grand et l'infiniment petit, en voici les premiers essais, modestes, rudimentaires, mais bien importants, car si ces premiers essais n'avaient pas réussi chez nous, vous seriez aveugles. Vos mains, si élégantes, si savantes, voici de quelles pattes elles sont le perfectionnement : ne riez pas trop de nos pattes si vous trouvez vos mains utiles ou agréables. Votre bouche, votre langue, vos dents, tout cela est délicat, charmant, très gentil, mais ce sont nos gueules, nos museaux, nos crocs, nos becs, qui sont devenus votre bouche. Vos cœurs battent doucement, mystérieusement.

et ces palpitations humaines, que nous ne connaissons pas, vous procurent, dit-on, des émotions si profondes, si intimes, que parfois vous donneriez le monde entier pour satisfaire la moindre d'entre elles ; eh bien, voici comment la circulation du sang a commencé, voici le premier cœur qui a battu. Et votre cerveau, vous vous admirez en lui, vous saluez en lui le siège de l'âme et de la pensée, vous en appréciez à ce point l'incomparable sensibilité, que c'est à peine si vous osez en approfondir la délicate structure ; or, votre cerveau, c'est notre moelle, la moelle de nos vertèbres, qui s'est développée, perfectionnée, épurée, et sans nous le géologue, l'astronome, le naturaliste, le philosophe, le poète, n'existeraient pas. Oui nous voici : Saluez vos pères ! »

Ainsi parleraient tous ces fossiles, tous ces singes, les prosimiens, les quadrupèdes, les marsupiaux, les oiseaux, les serpents, les reptiles, les amphibies, les poissons, les mollusques, et ils diraient vrai, car l'homme est la plus haute branche de l'arbre de la nature, ses racines plongent dans la terre commune, et l'arbre qui porte ce beau fruit est formé par toutes ces espèces, en apparence si différentes, en réalité voisines, parentes, sœurs. Ils sont ressuscités et le naturaliste les classe.

Et quel est l'être intelligent et curieux, quel est le penseur qui ne comprendrait l'intérêt qui s'attache à ce grand livre de la nature, ouvert pour tous les yeux, si captivant par ses surprises, si supérieur à toutes les fictions et à tous les contes? Qui ne préférerait cet admirable livre de la nature à tous les autres? Qui n'aimerait s'initier directement à ce grand mystère de l'origine de l'homme, de la genèse de la Terre et du berceau de l'Univers? Est-il un sujet qui nous touche de plus près, qui puisse intéresser davantage notre curiosité intelligente?

*
* *

Étudier l'histoire de la Terre, c'est étudier

a la fois l'univers et l'homme, car la Terre est un astre dans l'univers, et l'homme est la résultante de toutes les forces terrestres. Il n'est pas un produit du miracle : il est l'enfant de la nature.

Personne ne peut plus croire aujourd'hui que le monde ait été créé en six jours, il y a six mille ans, que les animaux soient subitement sortis de la terre à la voix d'un créateur, tout formés, adultes, et associés par couple de mâles et femelles, depuis l'éléphant jusqu'à la puce et jusqu'aux microbes microscopiques; que le premier cheval ait bondi d'une colline; que le premier chêne ait été créé séculaire. Personne ne peut admettre non plus que l'humanité ait commencé par un couple de deux jeunes gens créés de toutes pièces à l'âge viril, placés dans un jardin préparé pour les recevoir, au milieu des fleurs et des fruits mûrs. Sans doute, c'était là une mythologie à la fois charmante et terrible. Adam naissant à l'âge de vingt ou trente ans, s'ennuyant bientôt d'être seul, Jéhovah lui détachant une côte pendant son sommeil et en formant le corps de la première jeune fille. Dieu se promenant dans le jardin pendant les chaleurs de l'après-midi et les grondant d'avoir succombé à la tentation pour laquelle il venait de créer Ève, les enfants de ce premier couple étant maudits dès leur naissance et le déluge arrivant pour les punir de leurs prévarications. Noé enfermant dans un bateau un couple de toutes les espèces d'animaux, etc. Tout cela est original, mais naïf, et les amis du miracle doivent regretter que ce ne puisse pas être vrai. Mais nul n'ignore aujourd'hui que Dieu n'a pas créé les animaux qui existent actuellement et qu'ils ont été précédés par des espèces primitives différentes, mais non étrangères, inconnues du temps de Moïse; nul n'ignore que notre globe est très ancien et que ses couches géologiques renferment les fossiles des âges disparus, nul n'ignore qu'anatomiquement le corps de l'homme est le même que celui des mammifères : nul n'ignore que nous possédons encore des organes atrophiés, qui ne nous

servent à rien, et qui sont les vestiges de ceux
qui existent encore chez nos ancêtres animaux;
nul n'ignore que chacun de nous a été avant
de naître, pendan. les premiers mois de sa
conception dans le sein de sa mère, mollusque,
poisson, reptile, quadrupède, la nature résu-
mant en petit sa grande œuvre des temps antiques ; nul n'ignore enfin que toutes les espèces
vivantes se tiennent entre elles comme les anneaux d'une même chaîne, que l'on passe de
l'une à l'autre par des degrés intermédiaires
insensibles, que la vie a commencé sur la terre
par les êtres les plus simples et les plus élé-
mentaires, par des plantes qui n'ayant ni
feuilles, ni fleurs, ni fruits, peuvent à peine
porter le titre de plantes, par des animaux
qui, n'ayant ni tête, ni sens, ni muscles, ni
estomac, ni moyens de locomotion, méritent à
peine le nom d'animaux, et que lentement,
insensiblement, par gradation, suivant l'état
de l'atmosphère et des eaux, la température,
les conditions de milieux et d'alimentation,
les êtres sont devenus plus vivants, plus sen-

24.

sibles, plus personnels, mieux spécifiés, plus
perfectionnés, pour aboutir finalement à des
fleurs brillantes et parfumées qui sont l'orne-
ment des modernes campagnes, aux oiseaux
qui chantent dans les bois... pour aboutir surtout à l'être humain, le plus élevé de tous
dans l'ordre de la vie. Oui, nous avons nos
racines dans le passé, nous avons encore du
minéral dans nos os, nous avons hérité du
meilleur patrimoine de nos aïeux de la série
biologique, et nous sommes encore un peu
plantes par certains aspects; ne le sentons-
nous pas au printemps, aux jours ensoleillés
où la sève circule avec plus d'intensité dans
les artères des petites fleurs et des grands
arbres?

*
* *

L'être humain, le roi de la création terrestre, n'est pas, d'ailleurs, aussi isolé, aussi
nettement détaché de ses ancêtres, aussi per-

sonnel, aussi intellectuel qu'il le paraît. Il est,
au contraire, très varié lui-même dans ses
manifestations. Sur les quatorze cent millions
d'êtres humains qui existent autour de ce
globe (et qui se reproduisent sans un seul
instant d'arrêt, afin de donner à la nature
près de cent mille naissances par jour), combien n'en est-il pas qui vivent sans faire jamais œuvre d'intelligence?

En fait, il y a, non seulement dans les
contrées sauvages, non seulement chez les
tribus de l'Afrique centrale, chez les Samoyè-
des ou les habitants de la Terre-de-Feu, mais
encore chez les peuples civilisés, des millions
d'êtres humains qui ne pensent pas, qui ne
se sont jamais demandé pourquoi ils existent
en ce monde, qui ne s'intéressent à rien, ni à
leurs propres destinées, ni à l'histoire de
l'humanité, ni à celle de la planète, qui ne
savent pas où ils sont et ne s'en inquiètent
pas, en un mot qui vivent absolument comme
des brutes. Les hommes qui pensent, qui
existent par l'esprit, sont une minorité dans

l'espèce. Leur nombre néanmoins s'accroît de jour en jour. Le sentiment de la curiosité scientifique s'est éveillé et se développe. Le progrès qui s'est manifesté avec lenteur dans le perfectionnement des sens et du cerveau de la série animale se continue, et nous le voyons à l'œuvre dans notre propre espèce, autrefois rude, grossière, barbare, aujourd'hui plus sensible, plus délicate, plus intellectuelle. L'homme change, plus rapidement peut-être que nulle autre espèce. Celui qui reviendrait sur la terre dans cent mille ans n'en reconnaîtrait plus l'humanité.

Déjà, si nous comparions aujourd'hui l'un des boulevards de Paris, la salle de l'Opéra un soir de brillante représentation, une nuit de bal, un harmonieux concert, une séance de l'Institut, une armée en campagne, etc., avec les réunions primitives de nos ancêtres de l'âge de pierre, nous ne pourrions nous empêcher de reconnaître un progrès manifeste en faveur de notre époque, non seulement au moral, mais encore au physique. Ce ne sont plus les mêmes hommes ni les mêmes femmes. L'élégance de l'esprit et celle du corps se sont affinées. Les muscles sont moins forts, les nerfs sont plus développés. L'homme moderne est moins massif, moins rude ; insensiblement, le cerveau domine. La femme moderne est plus artiste, plus fine ; elle est aussi plus blanche, sa chevelure est plus longue et plus soyeuse, son regard est plus clair, sa main plus petite, son indolence plus voluptueuse. De temps à autre, des invasions barbares bouleversent tout et arrêtent l'énervement. Mais ce n'est qu'un arrêt et qu'un tourbillon. L'ensemble est emporté vers l'inconscient désir du mieux, vers l'idéal, vers le rêve. On cherche. Quoi ? Nul ne le sait. Mais on aspire, et l'aspiration entraîne l'humanité vers un état intellectuel toujours plus avancé, jamais satisfait. Le crâne moule le cerveau, et le corps moule l'esprit.

L'exercice des membres développe ceux qui agissent le plus ; ceux qu'on oublie diminuent, finissent même par s'atrophier. On pourrait juger des mœurs d'une époque par la stature des individus. Quoique, de nos jours, on puisse encore soutenir, avec une vraisemblance apparente, que « la force prime le droit », les esprits sont déjà assez avancés pour sentir que c'est là un axiome complètement faux. Le jour viendra où il n'y aura plus ni armées, ni guerres, où l'homme se sentira couvert de honte en voyant qu'il ne travaille que pour nourrir des régiments, et où la France, l'Europe, le monde entier délivré respirera librement en secouant et jetant au fumier ce manteau de lèpre, de sottise et d'infamie qui s'appelle le budget de la guerre.

Non, celui qui reviendrait sur la Terre dans cent mille ans n'en reconnaîtrait plus l'humanité. Aucune de nos langues n'aura subsisté : on parlera un tout autre langage. Aucune de nos nations. Aucune de nos capitales. Une civilisation brillante aura éclairé l'Afrique centrale. L'Europe aura passé par-dessus l'Amérique, pour aller retrouver la Chine. L'atmosphère sera sillonnée d'aéronefs suppri-

mant les frontières et semant la liberté sur les
États-Unis de l'Europe et de l'Asie. De nouvelles forces physiques et naturelles auront
été conquises... et peut-être quelque télégraphe
photophonique nous fera t-il converser avec
les habitants des planètes voisines.

La Terre change sans cesse — lentement,
car sa vie est longue,— mais perpétuellement.
Ici, la mer ronge les falaises et s'avance dans
l'intérieur des terres; là, au contraire, les
fleuves charrient du sable, forment des deltas,
des estuaires et voient avancer leurs rives
dans la mer; les pluies et les vents font descendre les montagnes dans les fleuves et dans
l'Océan; les forces souterraines en soulèvent
d'autres; les volcans détruisent et créent; les
courants de la mer et de l'atmosphère modifient les climats; les saisons varient périodi-

quement; les plantes se transforment, non seulement par la culture humaine, mais encore par les variations de milieux; les oiseaux des villes construisent aujourd'hui leurs nids avec les débris des manufactures; les cités humaines naissent, vivent et meurent; un mouvement prodigieux emporte toute chose en son cours.

En ces heures charmantes du soir où, sur le penchant des collines solitaires, nous fuyons les bruits du monde pour nous associer aux mystérieux spectacles de la nature, à l'heure où le soleil vient de descendre dans son lit de pourpre et d'or, où le croissant lunaire se détache, céleste nacelle, sur l'océan d'azur, où les premières étoiles s'allument dans l'infini, alors il nous semble que tout est en repos, en repos absolu, autour de nous, et que la nature commence à s'endormir d'un profond sommeil; cet aspect est trompeur; dans la nature, jamais de repos, toujours le travail, le travail harmonieux, vivant et perpétuel; la terre semble immobile : elle nous emporte dans l'espace avec une vitesse de vingt-six mille cinq cents lieues à l'heure ; onze cent fois la vitesse des trains-éclairs ; la lune paraît arrêtée : elle nous suit dans notre cours autour du soleil, et tourne autour de nous en raison de plus de mille mètres par seconde, en agissant à chaque instant par son attraction pour déranger notre globe, le tirer en avant ou en arrière, produire les marées, etc.; les étoiles nous paraissent fixes : chacune d'elles vogue avec une rapidité vertigineuse, inconcevable, parcourant jusqu'à deux et trois cent mille lieues à l'heure ; le soleil semble couché : il brille toujours, sans avoir jamais connu la nuit, s'enveloppe de flamboiements intenses et lance incessamment autour de lui, avec ses effluves de lumière et de chaleur, des explosions de feu s'élevant à quatre et cinq cent mille kilomètres de hauteur et retombant en flammes d'incendie sur l'océan solaire qui toujours brûle ; le fleuve qui est à nos pieds est calme comme un miroir, il coule, coule toujours, ramenant sans cesse à

25

l'Océan l'eau des pluies qui toujours tombe,
des nuages qui toujours se forment, des vapeurs de l'Océan qui toujours s'élèvent ;
l'herbe sur laquelle nous sommes assis paraît
n'être qu'un tapis inerte : elle pousse, elle
croît, elle grandit, et jour et nuit, sans un
instant de repos, les molécules d'hydrogène,
d'oxygène, d'acide carbonique, s'y combattent
ou s'y combinent en une activité perpétuelle ;
l'oiseau se tait dans les bois : sous le chaud
duvet de la couveuse, les œufs sont en vibration profonde et bientôt les petits vont éclore ;
et nous-mêmes, qui contemplons en rêvant ce
grand spectacle de la nature, nous nous
imaginons en repos, et nous sommes portés à
croire que pendant notre propre sommeil la
nature se repose en nous : erreur, erreur
profonde, notre cœur bat, envoyant à chaque
battement la circulation du sang jusqu'aux extrémités des artères, nos poumons fonction-
nent, régénérant sans cesse ce fluide de vie,
les molécules constitutives de chaque millimètre de notre corps se poussent, se juxtapo-

sent, se marient, se chassent, se substituent
sans un instant d'arrêt, et si nous pouvions
étudier au microscope les tissus de nos organes, nos muscles, nos nerfs, notre sang,
notre moelle, et surtout la fermentation de
chaque parcelle de notre cerveau, nous assisterions à un travail intime, permanent, faisant vibrer nuit et jour chaque point de notre
être, depuis le moment de notre conception
jusqu'à notre dernier soupir — et au delà, —
car l'âme envolée, ce corps retourne, molécule par molécule, à la nature terrestre, aux
plantes, aux animaux et aux hommes qui nous
succèdent : rien ne se perd, rien ne se crée,
nous sommes composés de la poussière de
nos ancêtres, nos petits-fils le seront de la
nôtre.

Tout change, tout se métamorphose. L'univers est en création perpétuelle. Des genèses
de monde s'allument actuellement dans les
cieux, des agonies s'éteignent autour des
vieux soleils, et des cimetières de planètes
défuntes circulent dans la profondeur des

nuits étoilées. Les comètes vagabondes qui gravitent de systèmes en systèmes sèment sur leur passage les étoiles filantes, cendres de mondes détruits, et le carbone, germe des organismes à venir. Toute planète a son enfance, sa jeunesse, son âge mûr, sa vieillesse, sa mort. Le jour viendra où le voyageur errant sur les rives de la Seine, de la Tamise, du Tibre, du Danube, de l'Hudson, de la Néva, cherchera la place où Paris, Londres, Rome, Vienne, New-York, Saint-Pétersbourg auront pendant tant de siècles brillé, capitales de nations florissantes, comme l'archéologue cherche la place où Ninive, Babylone, Tyr, Sidon, Memphis, Ecbatane resplendissaient autrefois au sein de l'activité, du luxe et des plaisirs. Le jour viendra où l'humanité, plusieurs fois transformée, descendra la courbe de son progrès, s'éteindra avec les derniers éléments vitaux de la planète, et s'endormira du dernier sommeil sur une terre désormais déserte et solitaire, où l'oiseau ne chantera plus, où la fleur ne fleurira plus, où l'eau ne coulera plus, où le vent ne soufflera plus, où le blanc suaire des dernières neiges et des dernières glaces s'allongera sinistrement depuis les pôles jusqu'à l'équateur. Et le soleil, notre grand, notre puissant, notre beau, notre bon soleil, s'éteindra lui-même au centre de son système. Nul tombeau, nulle pierre mortuaire, nulle épitaphe ne marquera la place où l'humanité tout entière aura vécu, la place où tant de nations puissantes, tant de gloires, tant de travaux, tant de bonheurs et tant de malheurs se seront succédé...... et cette place même n'existe pas, car la Terre, depuis qu'elle existe, emportée dans son tourbillon autour du soleil qui vogue lui-même avec tout son système parmi les étoiles, la terre où nous sommes n'est pas passée deux fois par le même chemin depuis qu'elle existe, et le sillage éthéré que nous venons de parcourir ensemble depuis une heure, ce sillage de vingt-six mille cinq cents lieues se referme derrière nous pour ne jamais, jamais se rouvrir devant nos pas!

25.

La loi suprême du progrès régit tout, emporte tout. Nous n'y songeons pas, mais nous marchons en avant avec rapidité, et loin de nous désoler en certaines époques de défaillance, nous devons être satisfaits du chemin parcouru. Qu'est-ce que deux siècles, trois siècles dans l'histoire? C'est six, huit, dix générations; c'est un jour.

L'histoire de la Terre porte en elle-même le plus magnifique, le plus éloquent témoignage en faveur de la loi du progrès qui soit accessible à nos observations. Elle est en quelque sorte le progrès lui-même incarné dans la vie, depuis le minéral jusqu'à l'homme. Notre planète a commencé par être une nébulosité informe, qui graduellement s'est condensée en globe. Cette nébulosité gazeuse, d'une densité incomparablement plus faible que l'air que nous respirons, cette immense boule de vent, était formée d'un gaz sans doute primitivement homogène, plus léger que l'hydrogène même. L'attraction mutuelle de toutes les molécules vers le centre, la con-

densation progressive qui en résulta, les frot-
tements et la transformation de cette chute
centripète en chaleur, les premières combinaisons chimiques naissant de ce développe
ment de calorique, l'influence de l'électricité,
l'action multiple et diverse des forces de la
nature dérivant en quelque sorte les unes
des autres, amenèrent la formation des premiers éléments, de l'hydrogène, de l'oxygène,
de l'azote, du sodium, du fer, du calcium, du
silicium, de l'aluminium, du magnésium, et
des divers autres minéraux, qui paraissent
tous formés géométriquement comme s'ils
étaient des multiples de l'élément primitif
dont l'hydrogène semble être la première
condensation. Les espèces minérales se sont
séparées successivement.

Ces mêmes substances qui constituaient
notre planète primitive, lorsqu'elle brillait,
étoile nébuleuse ; cet oxygène, cet hydrogène,
ce sodium qui brûlaient, feux ardents, comme
ils brûlent aujourd'hui dans les flammes du
soleil, se sont combinés d'une tout autre fa-

çon après l'extinction de la terre comme
étoile. Le feu est devenu l'eau. Physiquement,
ce sont les extrêmes; chimiquement, c'est le
même élément. L'Océan qui roule encore aujourd'hui ses flots tout autour du globe, est
formé d'hydrogène, d'oxygène et de sodium.

L'observateur de l'espace aurait pu voir
notre planète briller d'abord à l'état de pâle
nébuleuse, resplendir ensuite comme un soleil, devenir étoile rouge, étoile sombre,
étoile variable aux fluctuations d'éclat, et
perdre insensiblement sa lumière et sa chaleur pour arriver à l'état dans lequel nous
observons aujourd'hui Jupiter.

Déjà la Terre tournait sur elle-même et
autour du Soleil. Lorsque la température de
l'éclosion fut abaissée, lorsque les vapeurs
atmosphériques se condensèrent, lorsque la
mer primitive s'étendit tout autour du globe,
au sein des manifestations vitales de l'enfance terrestre, parmi les déchirements de la
foudre et les éclats de tonnerre, dans les

eaux tièdes et fécondes, la première substance organisée, le protoplasma, composé de carbone, d'hydrogène, d'oxygène et d'azote, se forma, encore minéral, mais déjà doué d'une sensibilité rudimentaire. On le retrouve encore aujourd'hui, flottant dans les profondeurs de la mer, comme une gelée féconde, et c'est toujours lui qui forme les êtres, végétaux et animaux.

Ces combinaisons du carbone, semi-solides, semi-liquides, pâteuses, malléables, dociles, mobiles et changeantes, ont donné naissance aux cellules primitives et aux simples associations de cellules, algues primordiales, et aux premiers organismes, bilobites, zoophytes, coraux, éponges, madrépores. Les premiers animaux ne sont que des plantes sans racines.

Par le perfectionnement séculaire des conditions organiques de la planète, par le développement graduel de quelques organes rudimentaires, la vie s'améliore, s'enrichit, se perfectionne. Pendant l'époque primordiale,

on ne voit que des invertébrés flottant dans
les eaux encore tièdes des mers primitives.
Vers la fin de cette époque, pendant la période dévonienne, on voit apparaître les premiers poissons, mais seulement les cartilagi-
neux : les poissons osseux ne viendront que
longtemps après. Pendant la période carboni-
fère commencent les premiers amphibies et
les lourds reptiles. Des îles s'élèvent du sein
des ondes et se couvrent d'une végétation
splendide : c'est l'époque des grandioses forêts houillères. Mais le règne animal est encore
bien pauvre. Pendant des millions d'années
tous les habitants de la Terre ont été sourds
et muets; les premiers animaux apparus sur
ce globe, ceux qui occupent aujourd'hui le bas
de la série, sont tous dépourvus de voix; la
voix ne commence qu'au milieu de l'âge
secondaire, et l'oreille ne s'est perfectionnée
que beaucoup plus tard. Pendant des millions
d'années aussi, animaux et plantes ont été
sans sexe. Les premières manifestations de
cet ordre sont pauvres, mal définies, sans ar-

deurs (amours de poissons). Tout sort de l'œuf,
encore aujourd'hui. Mais graduellement la vie
progresse, se perfectionne.

Bientôt le règne animal se diversifie en espèces distinctes et nombreuses. Les reptiles
se sont développés : l'aile porte l'oiseau dans
les airs; les premiers mammifères, les marsupiaux, habitent les forêts.

Pendant l'âge tertiaire, les serpents se dé-
tachent tout à fait des reptiles en perdant
leurs pattes (dont les soudures primitives sont
encore visibles aujourd'hui), le reptile-oiseau,
archéoptérix, apparaît aussi, les ancêtres des
simiens se développent sur les continents en
même temps que toutes les fortes espèces
animales. Mais la race humaine n'existe pas
encore. L'homme va apparaître, semblable à
l'animal par sa constitution anatomique, mais
plus élevé dans l'échelle du progrès et des-
tiné à dominer un jour le monde par la grandeur de son intelligence. L'esprit humain
brille enfin sur la Terre, contemple, perçoit,
réfléchit, pense, raisonne. Dans l'histoire de

la planète, l'homme a été le premier entretien
de la Nature avec Dieu.

Chaque couche de terre, dans les champs et
les bois, sur le versant des montagnes ou au
fond des vallées, chaque banc de pierre dans
les carrières, chaque dépôt de la mer ou des
fleuves nous montre la succession *lente* des
époques de la nature et l'œuvre *séculaire* de
la vie terrestre. Il n'y a pas bien longtemps
encore, on croyait le monde créé littéralement en six jours, et des écrivains, tels que
Bernardin de Saint-Pierre entr'autres, pen-
saient sérieusement que les êtres dont nous retrouvons les débris dans les entrailles de la
Terre n'auraient réellement pas vécu et que
le monde avait pu être créé tout vieux! Des forêts seraient nées en pleine croissance, abri-
tant des animaux qui n'auraient pas eu d'enfance; les oiseaux de proie auraient dévoré
des cadavres qui n'avaient point eu de vie.
« On y a vu des jeunesses d'un matin et des
décrépitudes d'un jour. » Quelle différence de
grandeur, entre cette mesquine conception du

monde et celle qui vient d'être résumée! En tenant compte seulement de la vie à ciel découvert, dans les intervalles de submersions océaniques, les habitants de Londres ne sont que les seconds locataires de leur contrée, les Parisiens n'en sont que les troisièmes occupants, et les Autrichiens de Vienne ont été précédé par trois espèces d'êtres appartenant pour ainsi dire à trois créations différentes.

Les couches géologiques du globe terrestre, que nous retournons aujourd'hui comme les feuillets d'un livre, nous montrent ainsi cette succession de fossiles ensevelis. Les espèces se sont succédé en se développant graduellement, comme les rameaux d'un même arbre. Elles dérivent d'une même source; elles se rattachent entre elles comme les anneaux d'une même chaîne; elles appartiennent au même ordre de choses; elles réalisent le même programme.

Telle fut la vie physique de la Terre, depuis sa naissance solaire jusqu'à l'apparition de l'intelligence, de la raison et de la cons-

26

cience. Ainsi, sans doute, se préparent dans l'infini les germes des humanités; ainsi éclosent sur tous les mondes les formes vivantes de l'esprit, sans lesquelles le ciel ne serait qu'un inconscient abime.

*
* *

On le voit, en résumé, l'univers a commencé par un état purement *mécanique*, nébuleuse en activité, mouvement d'atomes, gravitation universelle. La chaleur, la lumière, l'électricité, les formations des molécules ont donné naissance à l'état *physique*, pendant lequel la planète est sortie de son berceau nébuleux. Les combinaisons, les affinités ont amené l'état *chimique;* les conditions de la vie se préparaient. A ces trois âges, dérivés les uns des autres, a succédé l'âge *organique*, issu tout naturellement de l'âge qui l'avait précédé.

Du jour où, par le développement même de la genèse terrestre, les conditions de la vie ont été réunies, il eût été aussi difficile au protoplasma de ne pas se former qu'à un produit chimique de ne pas obéir aux conditions qui le déterminent. Et, du jour où la vie est apparue avec sa propriété caractéristique de reproduction perpétuelle, elle devait s'étendre et se multiplier sur toute la surface du monde.

A dater de cette époque, notre planète est transformée. Jusqu'ici, elle appartenait au monde minéral, sourd, muet, aveugle, inconscient. Désormais, elle porte la vie, et le premier sentiment confus d'existence personnelle qui vient de se manifester dans la formation des premiers organismes, va s'illuminer et grandir pour atteindre un jour les nobles degrés du monde intellectuel et moral.

Ainsi, d'après les observations actuelles de la science, nous pouvons penser que la vie a commencé sur la Terre par le protoplasma, par une simple substance chimique, un peu plus parfaite que ses aînées, douée de la faculté d'absorber le liquide dans lequel elle flottait et de s'accroître intérieurement.

Nous assistons ensuite au développement

de ce protoplasma; nous le voyons former des
monères, des infusoires, des microbes, des
zoophytes, des plantes, tout cela sans têtes,
sans membres, sans sens, sans organes et sans
sexe. Plus tard, nous voyons apparaître un
rudiment de système nerveux, vers, mollusques, etc.; la tête, l'œil, l'oreille, le cerveau
se forment graduellement. Les premiers poissons n'ont pas encore de vertèbres. Amphibies, reptiles, perfectionnent les manifestations
de la vie, mais avec quelle lenteur! Des millions et des millions d'années sont néces-
saires pour la formation d'un seul organe.
Pourtant, le spectacle du développement graduel de la vie nous montre une majestueuse
unité de plan, un arbre généalogique séculaire, dont toutes les branches sont sœurs.
Rien d'étranger. Toujours le protoplasma, le
carbone, l'eau, l'air, agissant, se diversifiant,
suivant les conditions d'existence, et les êtres
acquérant graduellement une individualité
plus personnelle.

Il semble donc qu'il ne reste plus de lacune

essentielle aujourd'hui dans notre conception de la création naturelle des choses et des êtres. Est-ce à dire qu'une telle conception soit athée et matérialiste ? Non. La croyance en l'existence de Dieu et en l'immortalité de l'âme humaine n'est pas mise en péril par les théories dont nous venons de nous faire l'interprète ; au contraire, la science conduirait plutôt à douter de l'existence de la matière ; du moins pouvons-nous être certains que l'univers matériel n'est pas du tout ce qu'il nous paraît être : *le monde visible est composé d'atomes invisibles, régis par des forces immatérielles.*

Pour ma part, je n'ai pas à me défendre de l'accusation d'athéisme, puisque j'ai, depuis longtemps, écrit sur ce point spécial un ouvrage qui a précisément pour titre *Dieu dans la nature.* Mais on jette si facilement cette accusation à la face des savants les plus respectables, qu'il n'est peut-être pas superflu de déclarer en leur nom que l'on peut rester spiritualiste en admettant le transformisme et la création naturelle de l'homme et de la vie sur la terre. Cela

26.

ne veut pas dire non plus qu'il n'y ait pas des savants athées (plusieurs se flattent même de l'être très sincèrement). Mais c'est plutôt là une affaire de sentiment personnel, au-dessus de laquelle la science plane dans toute son indépendance. En fait, la science n'est elle-même, ni matérialiste, ni spiritualiste, elle ne comprend même pas ces mots-là, qui n'appartiennent pas au livre de la nature; la science cherche, la science étudie, c'est là sa noblesse et sa grandeur; elle est indépendante de toutes les sectes et de tous les partis. Son rôle splendide est de nous éclairer de plus en plus, de nous élever sans cesse dans la connaissance de la vérité, de nous faire admirer dans la nature des lois et des forces dont l'essence réside, toujours mystérieuse, dans le domaine de l'invisible et de l'infini.

★ ★ ★

L'ÉTOILE DU BERGER

L'ÉTOILE DU BERGER

* * *

Radieuse en sa pure beauté, la blonde étoile règne actuellement dans notre ciel du soir, comme aux jours où, sur les flots bleus des rives du Latium, le jeune Énée lui confiait les destinées de l'Italie naissante, comme au jour où Cléopâtre, étendue dans la pourpre de son navire, lui demandait le partage de l'empire du monde. A l'heure où le soleil vient de disparaître au sein de sa couche embrasée, ses feux ardents s'allument, phare céleste lointain, et dans l'éther transparent, c'est la Lumière elle-même, la Lumière incréée, qui semble naître et resplendir. Ah! que toute la mythologie était vraie en ses doux symboles ! Vénus n'est-elle pas dans l'aurore une déesse lumineuse s'élevant du sein des ondes ? n'est-elle pas dans le crépuscule la confidente naturelle des jeunes cœurs qui s'ouvrent aux premiers frémissements de la vie ? Mercure, flottant si rapidement, si capricieusement en apparence, de part et d'autre du Soleil, n'est-il pas le messager d'Apollon et de la céleste cour, l'image subtil du dieu des chercheurs et de la fortune ? Mars, aux rayons fauves, n'est-il pas, de toutes les étoiles que l'on croyait régir les humaines destinées, n'est-il pas l'astre rouge qui plane là-haut comme une menace et fait songer au sang des combats ? Jupiter, calme, grand, splendide, rayonnant, n'est-il pas le souverain des mondes ? Saturne, lent, pâle, moins chaud d'aspect, plus triste en apparence, ne symbolise-t-il pas la vieillesse, le Temps, le Destin ! Oui, la mythologie céleste, c'est encore l'Astronomie, l'Astronomie qui est dans tout, en laquelle nous vivons sans le savoir depuis le commencement du monde.

Les sentiments inspirés par les spectacles

de la nature, par le ciel, par la mer, par les
montagnes, par les rayons et les ombres, par
les bruits et les silences, se sont manifestés
sous des formes vivantes, sous des personni-
fications qui nous semblent mortes aujour-
d'hui, enfermées comme elles le paraissent
sous de froides allégories, mais qui étaient la
riche et sincère manifestation des impressions
intérieures. Tout fut imprégné de vie, tout fut
animé, et l'homme crut vivre au milieu d'un
peuple de dieux qui pouvaient l'entendre,
le voir, lui parler, avec lesquels il entretenait
un perpétuel échange de sentiments. Ces dieux
n'existaient pas pour eux-mêmes, pas plus
que ceux des dévots bouddhistes, musulmans
et autres, mais ils existaient dans la pensée
humaine comme un reflet d'elle-même, et ils
existent toujours sous cette forme. Toujours
nous aimons entendre, dans la solitude profonde des bois, la source qui murmure, le
ruisseau qui gazouille, le vent qui passe, le
feuillage qui s'agite, l'oiseau qui chante ou qui
parle ; toujours nous aimons contempler l'ho-

rizon profond de la mer, les vastes plaines
vues du haut de la montagne, les vallées du
soir qui s'enveloppent de parfums, et toujours
nous les associons à nos impressions les plus
intimes, toujours nous les interrogeons sur le
grand mystère de l'existence des choses. Il y
a trois mille ans, Homère pensait comme chacun de nous le soir d'une belle journée
d'été, lorsqu'il écrivait dans l'*Iliade* :

Les astres splendides brillent au ciel, autour de la
Lune lumineuse ;
L'air est sans un souffle ; au loin se montrent les col-
lines,
Les penchants escarpés et les vallons ; l'éther infini
s'ouvre dans sa magnificence,
Toutes les étoiles apparaissent, et le berger s'est
réjoui dans son cœur.

Homère a été plus d'une fois ce berger qui,
assis au penchant des vallées et perdu dans
l'ombre de la nuit tranquille, a senti vibrer
son âme à l'unisson de la silencieuse im
mensité.

Certains esprits sceptiques, fermés à tout
sentiment comme à toute émotion pure, osent

Héliog Arents

Imp. H. Tune

L'ÉTOILE DU BERGER

parfois prétendre que ce sont là des idées vaporeuses, des rêveries imaginaires, et qu'il
n'y a de vrai que la matière et l'algèbre. C'est
là une appréciation erronée de la réalité. Les
esprits les plus positifs qui savent sentir sentent comme Homère et Virgile. Un philosophe
contemporain, que l'on n'accusera certes pas
d'un trop vif penchant pour la poésie, le posi-
tiviste Littré, citant, à propos de l'Astronomie
et de l'infini, ces vers de Lamartine :

> Esprit de l'homme, un jour sur ces cimes glacées
> Loin d'un monde oublié quel souffle t'emporta?
> Tu fus jusqu'au sommet chassé par tes pensées
> Quel charme ou quelle horreur à la fin t'arrêta

ajoute: « Ce qui l'entraîna, ô Lamartine, sur
les cimes glacées et lui fit sentir et exprimer
d'une façon nouvelle les mystérieuses beautés
de la nature, ce fut, bien que cela doive paraître étrange à beaucoup, ce fut LA SCIENCE,
ou, en d'autres termes, le vaste agrandisse-
ment de la connaissance du monde. »

Et Ampère, esprit non moins positif que le

laborieux et profond auteur du *Dictionnaire*,
n'a-t-il pas écrit :

> Heures de poésie, heures trop tôt passées
> Que l'étoile du soir m'apporte avec la nuit,
> Oh ! ne me quittez pas sans porter quelque fruit,
> Sans éveiller en moi quelques nobles pensées.

La contemplation du ciel éveillera toujours
en nous de « nobles pensées », elle apportera
toujours, aux heures de solitude, un calme
bienfaisant, une sérénité profonde, et lorsque,
comme en cette charmante époque de l'année,
au-dessus du printemps et des nids, l'étoile de
Vénus brille de tout son éclat, accompagnée
de ses sœurs du ciel, il est impossible de ne
pas sentir que, tout imperceptibles que nous
soyons dans l'infini, nous vibrons à l'unisson
du grand être et faisons partie intégrante d'une
immense harmonie.

Nous l'associons, la silencieuse étoile, à nos
impressions personnelles, à nos sentiments
intimes ; nous l'animons de nos pensées ;
volontiers nous regretterions son absence,

sans pouvoir l'oublier, et nous dirions d'elle
ce que nous disons d'un être regretté : « L'é-
toile peut être voilée par des nuages, mais
toujours brille dans mon cœur le doux souvenir de sa beauté comme une lumière inextinguible. »

C'est là l'impression immédiate, instinctive,
naturelle. Elle se développe, elle s'agrandit,
elle se complète lorsqu'elle est éclairée par la
lumière de la science moderne. Car bientôt,
tout en contemplant Vénus, assis au bord de
la colline, tout en suivant vaguement du regard son abaissement graduel et silencieux
vers l'horizon lointain, notre pensée instruite
s'envole plus loin que notre regard même ;
elle ne voit plus seulement un point lumineux, comme le voyaient les yeux aujourd'hui
fermés des pasteurs de la Chaldée, des pontifes
de l'Égypte, des prêtresses d'Athènes et de
Rome ; elle ne salue plus seulement la Vénus
qu'invoquait la nymphe Égérie au bois de
Numa, ou bien celle que les fresques de Pompéi célébraient aux jours de la décadence des

légendes primitives ; elle voit plus loin et
mieux ; elle sait que c'est là un monde analogue à celui sur lequel nous vivons, de même
volume, de même poids, un peu plus proche
du Soleil, un peu plus rapide en son cours, un
peu plus troublé dans ses saisons, mais image
du nôtre, par sa situation si voisine, par son
atmosphère environnante, par ses montagnes,
par ses jours et ses nuits, et sans doute aussi
par la vie inconnue qui a dû se développer à
sa surface comme elle s'est développée à la
surface de la Terre. Oui, il nous est difficile de
nous affranchir de l'idée si naturelle que,
semblables par leur situation dans la famille
du Soleil, Vénus et la Terre sont aussi deux
mondes semblables par leur rôle dans l'univers. Céleste patrie, elle gravite comme la
nôtre dans le rayonnement du même Soleil ;
c'est la même lumière qui nous éclaire, la
même chaleur qui nous échauffe, la même
attraction qui nous soutient et nous berce
dans l'espace. Quel que soit son état physique
et moral, quelle que soit la forme des êtres qui

la constituent, l'humanité de Vénus, si (comme toutes les lois de la cosmogonie conduisent à l'admettre), elle est actuellement éclose à la surface de cette terre voisine, l'humanité de Vénus, disons-nous, est sœur de la nôtre ; à travers la transparente immensité qui nous en sépare, nous la devinons et... nous cherchons presque des regards qui répondent aux nôtres.

Peut-être les mêmes contemplations éveillent-elles les mêmes pensées chez nos voisins les habitants de Mars, car vu de là, le soir, après le coucher du soleil, le ciel offre des spectacles analogues à ceux qu'il nous offre à nous-mêmes. En certaines époques, on remarque aussi de là une étoile brillante qui trône majestueusement dans l'ouest et qui descend en silence vers l'horizon occidental. Si on l'observe à l'aide d'une lunette, elle présente des phases analogues à celles de Vénus. Sans doute, les contemplateurs se demandent aussi, là-bas, si cette blanche étoile est habitée, et, quoique probablement on ne nous y ait point encore découverts, les penseurs admettent

27.

comme un principe de philosophie naturelle,
qu'elle est habitée, qu'elle l'a été dans le passé,
ou qu'elle le sera dans l'avenir. Cette planète,
c'est la nôtre. Pour les humains de Mars, nous
sommes « l'Étoile du berger ». Et sans doute,
le langage primitif de tous les êtres n'étan
autre que la traduction sensible de l'impression
ressentie, sans doute notre Terre porte-t-elle
dans les langues de Mars les noms les plus
élégants, et sa personnification mythologique
joue-t-elle dans les légendes de cette humanité un rôle charmant et gracieux, féminin,
coquet, mystérieusement associé aux impressions les plus agréables des sens, aux sentiments les plus intimes de la vie.

Ainsi se transmettent à travers le ciel, non
les influences des astres, mais les pensées humaines elles-mêmes ; ainsi la connaissance
astronomique de l'univers fait circuler entre
les mondes une vie nouvelle, plus belle encore
que celle de l'antique poésie. Peut-être les
communications entre les îles de l'océan éthéré
sont-elles plus réelles, plus complètes encore

que nous ne le croyons ; peut-être nos monades
pensantes, étant indépendantes du temps
comme de l'espace, ne s'endorment-elles jamais dans un inutile sommeil et prennent-
elles successivement possession des célestes
patries.

Vues profondes sur l'éternel abîme, contemplations sublimes du ciel étoilé, vous seules
êtes vraies, tout le reste n'est qu'ombre. « La
plénitude et le comble du bonheur pour
l'homme, disait Sénèque, est de s'élancer dans
les cieux. Avec quelle satisfaction, du milieu
de ces astres où vole sa pensée, il se rit des
mosaïques de nos riches et de notre Terre avec
tout son or ! Pour dédaigner ces portiques,
ces plafonds éclatants d'ivoire, ces fleuves
contraints de traverser des palais, il faut avoir
embrassé le cercle de l'univers et laissé tomber d'en haut un regard sur ce globe minuscule. Voilà donc, se dit le sage, le point que
tant de nations se partagent le fer et la flamme
à la main ! Voilà les mortels avec leurs risibles
frontières ! Si l'on donnait aux fourmis l'in-

telligence de l'homme, ne partageraient-elles
pas aussi un carré de jardin en plusieurs pro-
vinces ! Quand tu te seras élevé aux objets
vraiment grands dont je parle, chaque fois
que tu verras des armées marcher enseignes
levées, et — comme si tout cela était chose sérieuse — des cavaliers tantôt voler à la découverte, tantôt se développer sur les ailes, tu
seras tenté de dire : « Ce sont des évolutions
« de fourmis, grands mouvements sur peu
« d'espace. »

Et comme c'est toujours vrai ! C'est l'Astronomie qui inspirait, il y a dix-huit siècles, le
contemporain de Jésus, comme c'est elle qui
nous inspire aujourd'hui, comme c'est elle
qui fera toujours penser juste ceux qui en
comprendront la haute et convaincante philosophie.

★ ★ ★

LES ÉTOILES, SOLEILS DE L'INFINI

ET LE MOUVEMENT PERPÉTUEL DANS L'UNIVERS

LES ÉTOILES, SOLEILS DE L'INFINI

Et le Mouvement perpétuel dans l'Univers

* * *

A l'heure silencieuse de minuit, lorsque la Terre endormie a laissé s'évanouir les bruits du monde, et que la nature entière, muette et recueillie, paraît arrêtée dans son cours, comme si elle était sous le charme d'une fascination supérieure, le ciel étoilé nous environne de ses splendeurs et vient parler à notre âme un divin langage. Ici la radieuse constellation d'Orion monte dans l'espace, géant aspirant à la domination des cieux; là, l'éblouissant Sirius darde ses rayons ensoleillés, qui flamboient à travers l'atmosphère transparente; plus haut, scintillent les tremblantes Pléiades blotties dans leur nid d'azur; la Voie Lactée se répand comme un fleuve céleste coulant au milieu de l'armée des étoiles ; et là-bas, dans le nord léthargique, se traîne le char du Septentrion, suivi par le Bouvier conduisant lentement le mouvement de la sphère. Ces étoiles, nos pères les ont contemplées comme nous, et comme nous aussi ils ont pensé et rêvé au sein de cette contemplation profonde. Nos aïeux nomades de l'Asie centrale, les Chaldéens de Babel il y a soixante siècles, les Égyptiens des Pyramides il y a cinq mille ans, les Argonautes de la Toison-d'Or, les Hébreux chantes par Job, les Grecs chantés par Homère, les Romains chantés par Virgile, tous ces yeux de la Terre, depuis si longtemps éteints et fermés, se sont attachés de génération en génération à ces yeux du Ciel, toujours ouverts, toujours animés, toujours vivants. Les générations terrestres, les nations et leurs gloires, les trônes et les autels, tout a disparu dans la poussière des siècles éphémères ; mais cet étincelant Sirius est toujours là, ces Pléiades veillent toujours, et toujours ces mêmes étoiles sollicitent la pensée des mortels. Elles nous caressent de leurs rayons, elles nous enveloppent de leur clarté, elles nous causent à voix basse, elles touchent mystérieusement nos yeux interrogateurs, les pénètrent d'un doux fluide et se mettent en communication intime avec nos plus secrètes pensées, partageant nos émotions, semblant répondre à nos désirs, comprendre nos peines, soutenir nos espérances. Car ce sont des amies intimes aux heures de solitude, et nous croyons sentir en elles de discrètes confidentes, dans le sein desquelles se réfugie l'essaim voltigeant de nos pensées. Oui, elles semblent nous connaître, elles paraissent nos voisines, nous nous imaginons pouvoir, sinon les toucher, du moins les saisir du regard et nous envoler jusqu'à elles. Ah ! qu'il y a loin de la coupe aux lèvres, de l'apparence à la réalité ! Que la nuit est profonde ! combien le Ciel est insondable ! Quels abîmes ! Quelle immensité ! Chacune de ces étoiles est un soleil analogue à celui qui nous éclaire ; chacun de ces soleils est des milliers, des centaines de milliers, des millions de fois plus volumineux que notre globe terrestre tout entier. C'est l'effroyable distance qui nous en sépare, qui les réduit pour nous à l'aspect de petits points brillants. Si nous pouvions approcher de l'une quelconque d'entre elles, nos pauvres corps seraient carbonisés, vaporisés, avant d'atteindre l'éblouissante fournaise. Si l'étoile la plus proche de nous (α du Centaure) subissait une explosion formidable dont le son pût nous être transmis à travers l'espace qui nous en sépare, le bruit d'une telle explosion n'emploierait pas moins de trois millions d'années pour arriver jusqu'à nous, à la vitesse normale de la transmission du son dans l'air (340^m par seconde)! Oui, *la plus proche* de ces douces confidentes gît à une telle distance que le son devrait marcher pendant trois millions d'années pour franchir cet abîme! Un boulet de canon qui serait venu de Sirius, avec la vitesse moyenne du son dans l'air, et qui nous arriverait aujourd'hui, aurait dû partir de là il y a près de quinze millions d'années. Pour venir de l'étoile polaire, il ne lui en faudrait pas moins de trente-huit millions !

O prodigieuse, prestigieuse apothéose de la Science ! Qu'est-ce que l'univers de Moïse, de Pythagore, d'Homère, de Virgile, devant les panoramas de l'Astronomie moderne ? Hésiode croyait donner une idée immense de la grandeur du monde en disant qu'une enclume emploierait neuf jours et neuf nuits à tomber du Ciel sur la Terre, et autant pour traverser l'espace qui sépare la Terre du fond des Enfers. Le calcul montre que cette durée de chute de neuf fois vingt-quatre heures correspondrait à 581 870^{km} seulement. Comme la Lune gravite à la distance moyenne de 384 400^{km}, on voit que l'univers d'Hésiode n'atteindrait même pas en dimension le double du diamètre de l'orbite lunaire. C'est le cocon d'un ver à soie ; c'est une cellule où la pensée moderne étoufferait ; c'est un microcosme qui semble aujourd'hui un jouet d'enfant dans la main de l'astronome.

Rappelons-nous que le Soleil trône au milieu de la famille dont il est le père ; que cette
famille se compose de huit planètes principales ; que ces planètes circulent autour de
lui aux distances suivantes : Mercure, à 15
millions de lieues ; — Vénus, à 26 millions ; —
la Terre, à 37 millions ; — Mars, à 56 ; — Jupiter, à 192 ; — Saturne, à 355 ; — Uranus,
à 710 ; — et Neptune, à un milliard cent dix
millions de lieues. Ainsi notre seul système
planétaire mesure plus de deux milliards de
lieues de diamètre. Eh bien, ce vaste système
n'est qu'une île au milieu de l'océan des cieux,
une île environnée de toutes parts d'un immense désert. Entre cette île et le système
stellaire le plus proche, la distance est pour
ainsi dire incommensurable.

D'ici au soleil le plus proche, on pourrait
aligner, l'un au bout de l'autre, trois mille

sept cents systèmes comme le nôtre, trois mille sept cents systèmes mesurant chacun deux milliards deux cents millions de lieues d'étendue.

Et ne nous imaginons pas que les autres étoiles soient toutes à cette même distance et se distribuent en quelque sorte le long d'une sphère concentrique tracée avec ce rayon autour de nous. Nullement. Cette étoile, *alpha* du Centaure, qui trône à 8 trillions de lieues d'ici, est pour nous une voisine. Aucune autre n'est aussi proche. Nous n'en connaissons pas une seconde, en aucune direction de l'espace, qui soit aussi voisine. La plus proche après elle est la 61° du Cygne : elle plane dans une tout autre direction, puisque la première appartient à l'hémisphère céleste austral, et que la seconde appartient à l'hémisphère boréal, et sa distance est de 15 trillions de lieues.

28.

Ainsi les soleils les plus proches du nôtre brillent, l'un à huit mille milliards de lieues d'ici, l'autre à quinze mille milliards, en des directions différentes, et dans cet immense désert il n'y a pas un seul soleil, pas une seule étoile, pas un seul monde connu. Peut-être l'historien du cosmos éternel voyageant en cette nuit profonde heurterait-il au passage les ruines de quelque soleil oxydé, les dernières cendres de quelques planètes défuntes ; peut-être les errantes comètes emportent-elles dans leur suaire les spectres oubliés de bien des splendeurs évanouies ; car depuis l'origine des choses, bien des soleils se sont éteints et bien des fins du monde ont sonné au glas funèbre des beffrois du ciel ; mais nos télescopes ne découvrent aucun phare sur cet océan sans bords, et d'ici à l'astre du Centaure, d'ici au soleil du Cygne, et tout autour de nous jusqu'en ces incommensurables profondeurs, nous ne connaissons qu'un espace noir, vide, désert et silencieux.

Oui, ce sont là les deux cités célestes les

plus proches de la nôtre. Un train express marchant sans s'arrêter à la vitesse de 1^{km} par minute, de 60^{km} à l'heure, de 1440^{km} ou 360 lieues par jour, roulerait pendant 60 millions d'années pour atteindre le premier de ces soleils !... et pendant 114 millions d'années pour atteindre le second ! Toutes les autres étoiles que nous voyons scintiller pendant la nuit profonde sont plus éloignées que ces deux « voisines ».

Les trillions, c'est-à-dire les milliers de milliards, sont l'unité de mesure des distances célestes exprimées en lieues de quatre kilomètres. *Alpha* du Centaure et la 61e du Cygne planent, avons-nous dit, la première à 8 trillions et la seconde à 15. Ces distances sont certaines, car les valeurs obtenues pour ces parallaxes sont satisfaisantes et concordantes. Mais, plus les étoiles sont éloignées dans les profondeurs de l'immensité, plus leur parallaxe est faible, et plus minutieuses, plus difficiles, plus incertaines sont les mesures. On estime que Castor est éloigné à 35 trillions,

Sirius à 39, Véga à 42, Arcturus à 60, l'étoile polaire à 100, Capella à 170 ; mais elles peuvent être plus éloignées encore. Les mesures essayées sur Rigel, Procyon, Bételgeuse, Aldébaran, Antarès, Fomalhaut, et sur plusieurs centaines d'autres moins brillantes, n'ont conduit à aucun résultat : pour nos moyens d'investigation, leurs distances peuvent être regardées comme infinies.

La plus grande variété règne dans la nature intrinsèque des étoiles, dans leur valeur lumineuse et calorifique, dans leurs dimensions, dans leur éclat, dans leur mode d'activité. Les unes sont considérablement plus volumineuses que notre propre soleil, d'autres sont plus petites. L'éclatant Sirius paraît être, d'après la mesure photométrique de sa lumière, 1 700 à 2 000 fois plus gros que notre Soleil. Telle petite étoile, à peine visible à l'œil nu, comme la 70e de la constellation d'Ophiuchus, par exemple, pèse environ trois fois plus que tout notre système solaire, y compris le Soleil. Nous devons donc nous

représenter ces lointains soleils comme étant
d'âges différents, de forces différentes, d'é-
clats divers, de rayonnements lumineux,
calorifiques, électriques, magnétiques, extrêmement variés, et surtout comme dispersés
dans toutes les directions, dans tous les sens,
à d'immenses distances les unes des autres.
Les astronomes penseurs admettent, depuis
Kepler, Newton et Laplace, que la plupart
d'entre eux doivent être comme le nôtre des
centres de systèmes planétaires fécondés par
leur rayonnement. Déjà nous connaissons des
systèmes, comme celui de Sirius, par exemple, dans lesquels on voit un ou plusieurs
satellites graviter autour d'un soleil suivant
les mêmes lois qui régissent les mouvements
de la Terre et des planètes autour de notre
Soleil. Qui pourrait deviner quelles étranges
formes d'existences se succèdent sur ces
lointaines patries, illuminées par des soleils
différents de celui qui régit notre humanité
sublunaire ! Quel Arioste, quel Gœthe, quel
Swedenborg, quel Dante oserait imaginer les

scènes ultra-terrestres, les idées, les sentiments, les passions, les plaisirs ou les dou-
leurs, les richesses ou les misères, les aspirations ou les désespoirs des êtres qui doivent,
là comme ici, vivre, penser, chercher, aimer
ou haïr, blasphémer ou bénir !

De notre petite Terre, tout immergée dans
les rayons du Soleil, notre vue est organisée
de telle sorte que, même pendant la nuit la
plus profonde, nous ne voyons pas plus de
six mille étoiles à l'œil nu. Si notre rétine
avait sa sensibilité accrue dans la proportion
de l'œil géant du télescope, nous en verrions
quarante millions. C'est peut-être ce que per-
çoivent les indigènes de Neptune.

Mais, dès que notre vue est amplifiée par
le moindre instrument d'optique, par exemple une jumelle de théâtre, nous distinguons,
outre les étoiles des six premières grandeurs
visibles à l'œil nu, celles du septième ordre
d'éclat, qui sont à elles seules au nombre de
treize mille. Une longue-vue terrestre montre
celles de huitième grandeur, qui sont au

nombre de quarante mille. Ainsi s'accroît le
nombre des étoiles à mesure qu'on pénétre
plus loin au delà de la sphère de la vision
naturelle. Une petite lunette astronomique
fait découvrir les étoiles de la neuvième
grandeur, dont le nombre surpasse cent
mille. Et ainsi de suite. Une lunette ou un
télescope de moyenne puissance montre les
étoiles de la dixième grandeur, qui sont au
nombre de près de quatre cent mille. Déjà ici
le spectacle est prodigieux, éblouissant. La
progression continue. On peut estimer à un
million les étoiles de la onzième grandeur et à
trois millions celles de la douzième. D'après les
jauges astronomiques faites pour sonder l'espace, le nombre des étoiles de la treizième
grandeur ne s'élève pas à moins de dix millions, et celui des étoiles de la quatorzième à
moins de trente millions. Si nous addition-
nons tous ces chiffres, nous trouvons pour le
total des étoiles jusqu'à la quatorzième grandeur inclusivement le nombre déjà difficile à
concevoir de *quarante-cinq millions.*

Mais ce ne sont pas là *toutes* les étoiles. Déjà même les puissants télescopes construits en ces dernières années ont pénétré les profondeurs de l'immensité assez loin pour découvrir les étoiles de la quinzième grandeur, et la statistique stellaire s'élève actuellement à *cent millions!* (La Voie Lactée seule en renferme dix-huit millions)... Les nombres deviennent dès lors si énormes, qu'ils nous écrasent de leur poids sans rien nous apprendre.

Cent millions d'étoiles ! C'est dix-sept mille étoiles pour chacune de celles que nous voyons à l'œil nu. Déjà nous ne distinguons plus ni constellations ni divisions; une fine poussière brille là où l'œil, laissé à sa seule puissance, ne voyait qu'une obscurité noire sur laquelle ressortaient deux ou trois étoiles. A mesure que les découvertes merveilleuses de l'optique augmenteront notre puissance visuelle, toutes les régions du ciel se couvriront de ce fin sable d'or, et un jour viendra où le regard étonné, s'élevant vers ces profondeurs inconnues, se trouvant arrêté par l'accumulation des étoiles qui se succèdent à l'infini, ne trouvera plus devant lui qu'un délicat tissu de lumière....

Pourtant, ce n'est encore là que notre univers visible. Là où s'arrête la puissance télescopique, là où s'abat l'essor de nos investigations extrêmes, la nature, immense et universelle, continue son œuvre ; le télescope nous porte dans l'infini et *nous y laisse*.

L'espace est sans bornes. Quelle que soit la frontière que nous lui supposions par la pensée, immédiatement notre imagination s'envole jusqu'à cette frontière et, regardant au delà, y trouve encore de l'espace. Et chacun de nous sent qu'il lui est plus facile de concevoir l'espace illimité que de le concevoir limité, et qu'il est impossible que l'espace n'existe pas *partout*. En réalité, nous sommes les fils de l'Infini, et le fini ne peut pas nous satisfaire.

Comment se soutiennent dans le vide immense ces innombrables soleils disséminés à d'aussi formidables distances les uns des autres ? Ils se soutiennent sur l'équilibre de la gravitation universelle. Chaque soleil attire chaque soleil, et, jusqu'à l'infini sans bornes, ils se sentent tous à travers l'immensité, subissent leurs influences mutuelles, et glissent dans le vide éternel, emportés par l'attraction de chacun et de tous. Aucun atome n'est en repos dans l'immense univers. Loin d'être fixes comme elles le paraissent, ces étoiles sont, au contraire, animées de vitesses prodigieuses. Chacune d'elles est emportée par un mouvement rapide. Telle étoile se déplace sur la sphère céleste d'une quantité égale au diamètre apparent de la Lune en 265 ans ; telle autre se déplace de la même quantité en 300 ans ; telle autre en 400 ans. Et ces mouvements divers s'effectuent dans tous les sens. C'est la brièveté de notre vie qui nous a fait croire à l'immutabilité des cieux ; notre impression a été sur ce point la même que celle de la petite libellule d'été qui, naissant à midi pour mourir à deux

heures, ne saurait s'imaginer que le Soleil se
couchera : pour elle, le jour est éternel. Mais
si notre mémoire personnelle ou historique
s'étendait sur un laps de temps suffisant, l'aspect des cieux perdrait pour nous cette immutabilité ; nous assisterions à la dislocation
graduelle de toutes les constellations ; nous
verrions les sept étoiles de la Grande Ourse
s'écarter lentement l'une de l'autre, dessiner
dans l'espace d'abord une croix (il y a cinquante mille ans), puis un char, et dans
quatre ou cinq cents siècles, se disperser le
long d'une ligne brisée ; nous verrions dans
Orion les Trois-Rois se séparer pour toujours
de leur association provisoire, Procyon s'approcher d'eux, et l'épaule gauche du Géant
s'effacer devant le Taureau qui s'avance ;
nous verrions les quatre bras de la Croix du
Sud tomber chacun de son côté. Ces mouvements vus de si loin nous paraissent s'accomplir avec lenteur. Mais, en réalité, quels
formidables projectiles que tous ces soleils
lancés à travers l'espace ! Nos boulets de

canon sont des tortues devant ces vitesses prodigieuses. Notre propre Soleil nous emporte
tous, Terre, Lune, planètes, vers la constellation d'Hercule ; le soleil *a* du Centaure, au
contraire, s'élance vers le Grand Chien. Sirius
s'éloigne obliquement de nous au taux de
700 000 lieues par jour, 268 millions de lieues
par an, — et pourtant, depuis la fondation des
Pyramides, depuis quarante siècles que nous
tenons les yeux fixés sur cet astre splendide,
il ne paraît pas avoir diminué d'éclat ! L'é-
toile *a* du Cygne arrive vers nous en ligne
droite, avec une vitesse de 1 382 000 lieues
par jour, plus de 500 millions de lieues par
an ou 50 milliards de lieues par siècle ! Le
boulet, l'obus chargé à mitraille, lancé par
l'explosion de la poudre, s'échappe de la
gueule enflammée du monstre avec la vitesse
déjà terrifiante de 500 mètres par seconde: un
soleil de la Grande Ourse, situé à environ
85 trillions de lieues d'ici, traverse en ce moment l'univers avec une rapidité 600 fois plus
grande, au taux de *trois cent mille mètres par*

seconde ! Pour l'esprit qui saurait s'abstraire
des conditions étroites d'espace et de temps
dans lesquelles nous vivons ici-bas, le Ciel
perdrait son silence, son calme, son apparente immobilité. Au lieu d'étoiles, nous verrions, comme en un rêve, des soleils énormes,
lourds, flamboyants, environnés de tempêtes,
roulant sur eux-mêmes, lançant autour d'eux
les éclats assourdissants du tonnerre, électri-
sant au loin les mondes qu'ils conduisent à
travers l'immensité, courant, montant, descendant, tombant, fuyant, se précipitant dans
tous les sens, pleuvant en tourbillons fantastiques et répandant jusqu'au fond des cieux
l'activité, le travail et la vie. Plus de mort
Partout le mouvement, partout la lumière,
partout la transformation, partout le déploie-
ment de forces gigantesques, partout le développement d'une intarrissable somme d'é-
nergie, jusqu'à l'infini répandue.

Et maintenant, qu'est-ce que la Terre et
qu'est-ce que l'Homme ? Devant le regard

ébloui, stupéfié, de l'astronome terrestre, né hier pour mourir demain sur un globule perdu dans le fourmillement des mondes, les univers stellaires s'envolent comme des tourbillons de poussière à travers l'espace sans fin, pendant l'éternité sans années, sans jours et sans heures. Spectacle grandiose et terrible, assurément, car nous appartenons à cette création; que nous l'acceptions ou que nous nous y refusions, nous faisons partie de ce formidable ensemble ; nous courons avec notre petit globe, en raison de 26 500 lieues à l'heure, ou de 643 000 lieues par jour, pendant que la Lune circule avec vitesse autour de nous, que Vénus, Mars, Jupiter nous accompagnent, et que le Soleil nous emporte tous vers les étoiles d'Hercule, et pendant que la Voie Lactée elle-même, dont notre Soleil n'est qu'une particule, se métamorphose et se transforme. Le fait même de notre existence nous condamne à l'irrévocable destinée d'être associés au perpétuel mouvement des choses. Que nous habitions la Terre, une planète de

Sirius ou la nébuleuse d'Orion, c'est tout un.
Nous sommes dans le Ciel, dans l'infini, dans
l'éternité, et nous n'en sortirons jamais. Ah !
certes, oui, l'Astronomie est bien la science
qui nous touche tous personnellement de plus
près. Elle est grave ; elle est parfois solennelle, terrifiante. Mais qu'elle est belle ! Quels
panoramas ! Quelles splendeurs ! Elle jette à
profusion devant nous les diamants et les
étincelantes pierreries ; la variété rivalise
avec l'opulence, et, bonne et compatissante
déesse, pour ne pas éblouir nos regards trop
faibles, elle se fait invisible dans la tranquille
sérénité des cieux. En fait, pour nos impressions, tout est silencieux, tout est calme. Le
mouvement de la Terre est plus doux que
celui de la gondole glissant sur les lagunes
de Venise ; nul ne l'a jamais senti, nul ne le
sentira jamais. Les soleils sont si loin qu'il
n'y a pour nous que des étoiles. Nous sommes
si petits, que dans notre nid terrestre nous
pouvons nous endormir et rêver sans crainte,
comme l'oiseau-mouche caché dans une

fleur. La perle de la rosée n'attire pas la foudre et n'amène pas les tempêtes. Une atmosphère d'azur enveloppe notre séjour d'un voile protecteur. Le souffle parfumé du zéphir glisse en frissonnant à travers le feuillage, et lors même que les arbres sont dépouillés de leur parure, le passage du vent dans les branches semble encore être un souffle qui respire. Harpe éolienne du bosquet sacré, la nature terrestre, humble et modeste, est, elle aussi, pénétrée d'une divine harmonie. A l'heure où la nuit mystérieuse se répand dans les cieux et où des myriades d'étincelles charment les hauteurs éthérées, il nous semble que les étoiles, beautés du ciel, s'endorment en souriant dans la tiède volupté des nuits orientales.

★★★

LES

CONQUÊTES DE L'ASTRONOMIE SIDÉRALE

HISTOIRE DE SIRIUS

CONQUÊTES DE L'ASTRONOMIE SIDÉRALE

Histoire de Sirius

★ ★ ★

Tout le monde connaît, tout le monde admire l'étoile si éclatante qui brille tous les soirs d'hiver au-dessus de nos têtes. Quel observateur n'a pas été frappé de l'éclat de Sirius? Cet astre splendide est l'étoile la plus brillante du ciel tout entier, et nul ne peut élever ses regards vers « l'armée des cieux » pendant nos belles soirées d'hiver, sans le remarquer dans le sud, au-dessous et à gauche

d'Orion, resplendissant de sa blanche lumière
dans le prolongement inférieur de la ligne
oblique des Trois-Rois, le rouge Aldébaran et
les Pléiades se plaçant symétriquement dans
le prolongement supérieur de la même ligne.
On peut encore le reconnaître en traçant par
la pensée un alignement des Gémeaux, Castor et Pollux, à Procyon, et en l'inclinant vers
la base d'Orion. Mais tous nos lecteurs connaissent notre héros, et il serait superflu d'in-
sister sur ce point.

Lorsque nous regardons cette étoile à l'œil
nu, nous devinons déjà qu'il y a là une création grandiose, d'une importance considérable
dans l'univers qui nous environne. Dirigeons
une lunette vers cet astre ; son arrivée dans le
champ télescopique s'annonce par un rayonnement analogue à celui du soleil levant, et, au
moment où l'astre éclatant lui-même apparaît
dans sa gloire, c'est un éblouissement solaire
que l'on ne peut longtemps soutenir sans
fatigue. Et pourtant ce n'est là qu'*un point*,
sans aucune dimension appréciable, incom-

parablement plus minuscule, en réalité, que
le plus petit point que nous puissions impri-
mer ici en typographie. Si nous voyons Sirius,
comme toutes les étoiles, c'est uniquement à
cause de la vive intensité de la lumière qui
nous frappe et non à cause de leurs dimensions. De fait, Wollaston a pu conclure de ses
études photométriques que le diamètre de
Sirius ne dépasse pas pour nous un cinquantième de seconde; c'est un cercle de 1 millimètre éloigné à 10000 mètres de distance et
par conséquent absolument invisible à l'œil nu.

Quelle n'est donc pas l'intensité lumineuse
d'un tel astre pour que, réduite à un point
mathématique, cette lumière frappe encore
avec une telle vivacité nos regards émerveil-
lés; pour qu'elle puisse se photographier,
comme elle le fait, au foyer chimique de nos
lentilles; pour que, condensés sur la plaque
d'une pile thermo-chimique, ses rayons nous
permettent d'apprécier même la chaleur qui
nous arrive de si loin, et pour que, décom-
posée par le prisme, cette lumière permette à

l'analyse spectrale de reconnaître les substances diverses qui brûlent dans la fournaise
de ce lointain soleil !... C'est tout simplement
merveilleux.

Lointain *soleil !* chacun de nous conçoit qu'il
n'y a pas d'autre nom à donner à ce point
lumineux, à cette étoile. Si le soleil qui nous
éclaire et qui nous fait vivre, si l'astre de nos
jours terrestres, si éblouissant, si ardent, si
gigantesque, si ce globe de feu, un million
deux cent quatre-vingt mille fois plus volumineux que la Terre, était transporté à la distance où plane l'étoile dont nous faisons l'histoire, il serait réduit, non pas seulement à
l'aspect stellaire de Sirius ou d'une étoile de
première grandeur, mais à celui des astres de
sixième ordre, à l'humilité des plus petites
étoiles que nous puissions distinguer à l'œil
nu ; car la lumière intrinsèque de notre soleil
est de beaucoup inférieure à celle de ce lointain foyer.

Mais pénétrons dans la connaissance détaillée de ce soleil et de son système.

Le premier pas à faire pour entrer en relation avec cet astre est précisément de nous rendre compte tout d'abord de la nature de sa lumière. Examinée au spectroscope, cette lumière donne un spectre composé de sept couleurs, interrompu par quatre fortes lignes noires, l'une dans le rouge, l'autre dans le vert bleu, les deux dernières dans le violet. Ces quatre raies appartiennent à l'*hydrogène;* elles coïncident avec les quatre raies les plus brillantes que l'on distingue dans le spectre de ce gaz lorsqu'il est porté à une haute température, par exemple dans les tubes de Geissler. Outre ces raies fondamentales et très larges, on remarque dans le jaune une fine raie noire qui paraît coïncider avec celle du sodium, et dans le vert des raies plus faibles qui appartiennent au magnésium et au fer. La particularité la plus frappante de ce type, c'est la largeur des raies de l'hydrogène, largeur qui tendrait à prouver que l'atmosphère de Sirius possède une grande épaisseur et qu'elle est soumise à une pression considérable.

Les étoiles caractérisées par cette lumière
sont les plus blanches du ciel et probablement
aussi les plus chaudes et les plus lumineuses.
L'hydrogène y domine; ce gaz brûle là à une
très haute température. A ce type appartiennent, outre Sirius, Véga, Rigel, Procyon,
Altaïr, plus de la moitié des belles étoiles du
ciel. Leur spectre diffère du spectre solaire
en ce que dans celui-ci les raies sont beaucoup plus nombreuses et plus fines, que l'hydrogène n'y domine pas, que la température
paraît moins élevée, la lumière plus jaune,
moins éblouissant : Capella, Arcturus, Pollux,
Aldebaran appartiennent à ce second type,
comme notre soleil, qui n'est pas blanc,
mais jaune.

L'analyse spectrale a également révélé
l'existence d'un troisième et d'un quatrième
ordre de soleils, moins brillants, moins lumineux, moins chauds que les précédents, d'une
couleur orangée, rougeâtre ou même tout à
fait rouge, chez lesquels l'hydrogène est rare
et où l'on croit reconnaître les composés du

carbone. Ce sont là des soleils qui s'oxydent, qui arrivent au troisième typo; 68 i Vierge, 19 Poissons, et un grand nombre de petites étoiles anonymes appartiennent au quatrième, dans lequel il n'y a pas un seul soleil de grandeur supérieure.

Dans tout cet ensemble, Sirius tient la tête par sa splendeur.

Quel est son volume réel? Combien de fois est-il plus gros que notre propre soleil?

Mais, d'abord, connaît-on exactement sa distance?

La détermination de sa parallaxe a été essayée plusieurs fois; on a toujours reconnu que cette étoile est beaucoup plus éloignée de nous que l'étoile Alpha du Centaure et que la 61e du Cygne, et que sa parallaxe, inférieure à une demi-seconde, est extrêmement difficile à mesurer, se détachant à peine des erreurs inhérentes aux modes d'observation eux-mêmes.

Selon toute probabilité, elle se réduit à environ deux dixièmes de seconde, ce qui est, en fait, de la dernière exiguïté. C'est-à-dire que, vu de là, le demi-diamètre de l'orbite terrestre est réduit à cette invisibilité, malgré ses 37 millions de lieues; vue de cet éloignement, une ligne de 37 millions de lieues n'est pas plus longue qu'une ligne de 1 millimètre vue à un kilomètre de distance. Peut-être cette parallaxe est-elle plus faible encore, mais elle n'est certainement pas plus forte, et nous pouvons considérer le nombre précédent comme une limite.

Cette distance correspond à 1 069 000 demi-diamètres de l'orbite terrestre, ou à 39 *millions de millions* de lieues. Ne mesurât-il qu'un cinquantième de seconde, le diamètre du soleil sirien serait encore 20 fois supérieur à celui de notre soleil et surpasserait six millions de lieues.

Il est probable que la surface de cet astre a une étendue 144 fois plus grande que celle du globe solaire, et que les deux diamètres ont entre eux le rapport de 12 à 1. Les volumes seraient dans le rapport de 1 728 à 1.

Selon toute probabilité, telle est la limite des volumes que nous puissions admettre, et sans doute les dimensions de Sirius sont-elles supérieures à ces nombres.

C'est véritablement là une noble grandeur, surtout si l'on se souvient que notre soleil est lui-même 108 fois plus large que la Terre en diamètre et 1 280 000 fois plus considérable en volume.

Ainsi, lorsque nous contemplons cette étoile pendant la nuit silencieuse, lorsque nous songeons qu'au temps de la primitive Égypte elle réglait la marche du calendrier, annonçait les inondations du Nil, dirigeait l'érection des pyramides et présidait aux sépultures des croyants; lorsque nous la voyons briller comme autrefois à la tête du Grand Chien, symbole antique de la redoutable canicule (dépouillée aujourd'hui de ses influences astrologiques), elle doit nous paraître encore plus grande et plus majestueuse qu'au temps où les pharaons, les rois et les prophètes se prosternaient devant elle. Elle n'est plus liée à nos destinées personnelles; elle a vu les royaumes et les empires passer comme des ombres sur une terre éphémère ; mais nous savons aujourd'hui que cette étoile est un soleil, immense, lourd, puissant, régnant dans une région céleste située à une telle distance de nous qu'un boulet de canon qui pourrait conserver sa vitesse initiale de 500 mètres par seconde n'emploierait pas moins de *six millions d'années* pour franchir l'abîme qui nous en sépare.

Nous venons de dire que ce lointain soleil est immense et *lourd*. Nous pouvons, en effet, essayer aussi de le peser. Mais il importe de pénétrer un peu plus avant dans son système.

Déjà, en effet, nous savons que Sirius est le centre d'un système stellaire, dont l'histoire astronomique est en elle-même du plus haut intérêt.

Comme toutes les étoiles, Sirius est animé d'un mouvement propre qui l'emporte dans l'infini, de même que notre soleil est lancé

lui-même avec tout son système vers un point
actuellement situé dans la constellation d'Hercule. Si l'on examine minutieusement les
positions observées chaque année dans les
observatoires, on trouve que cette belle étoile
se déplace dans le ciel de 248 millions de
lieues par an.

Ce mouvement propre de Sirius n'est pas
régulier. Parfois, il est plus lent, parfois plus
rapide; quelquefois l'étoile s'écarte vers l'est
de sa position normale et quelquefois vers
l'ouest.

Bessel, le premier, en 1844, proposa d'expliquer ces irrégularités par l'hypothèse d'un
corps perturbateur invisible appartenant au
système de Sirius. En 1851, Peters calcula,
dans l'hypothèse de Bessel, l'orbite théorique
qui satisferait aux perturbations observées.

Onze ans plus tard, en 1862, l'opticien
américain Alvan Clarck, venait de terminer
la plus belle lentille qui eût été construite
jusqu'alors (0^m47 de diamètre), lorsque son
fils, l'essayant sur Sirius, s'écria tout à coup :

« Père ! l'étoile a un compagnon. » Or, la
position de ce compagnon s'est trouvée correspondre à la position théorique que lui assi-
gnait le calcul pour cette époque. Comme il
était arrivé pour Neptune, ce nouveau monde
céleste avait été découvert par le calcul avant
que l'œil humain l'eût jamais vu. Son prophète, le mathématicien Bessel, était mort
depuis 1846.

Depuis 1862, ce corps céleste a été attentivement suivi par les astronomes. Il gravite
réellement autour de son immense soleil. En
comparant toutes les mesures prises jusqu'à
ce jour, on peut arriver à déterminer l'orbite
qu'il parcourt. C'est ce que j'ai fait. Le résultat définitif du calcul montre qu'il tourne très
vite et que sa révolution ne demande que
quarante-neuf ans et sept mois pour s'accomplir.

L'orbite calculée correspond à un demi-
grand axe ou à une distance moyenne de
8"45, c'est-à-dire de presque 44 fois le demi-
diamètre de l'orbite terrestre, ou de 1 620 mil-

lions de lieues. A cette distance, la révolution d'une planète autour de notre soleil demanderait 290 ans pour s'accomplir. Dans le système de Sirius, la révolution est de 49 ans environ, ou 5,85 fois plus rapide. Nous en concluons que ce soleil est non pas seulement 5,85 fois plus fort que le nôtre, mais 5,85 multiplié par 5,85 ou 34 fois plus puissant. Cette conclusion s'applique aux deux astres du système de Sirius réunis. Il est probable que le compagnon est très lourd lui-même et pèse seulement trois fois moins que son soleil. C'est dire que, relativement à la masse de notre soleil, celle de Sirius serait représentée par 25 et celle de son compagnon par 9. Ainsi, Sirius et son compagnon pèsent 11 millions de fois plus que la Terre.

Lorsque désormais nous verrons cette brillante étoile resplendir au milieu de ses compagnes, nous la regarderons d'un œil instruit, nous saurons que c'est là un soleil géant, centre d'un système, et par la pensée nous saluerons à ses côtés ce corps perturbateur

qui joue un rôle si important dans sa destinée et qui, lui aussi, est sans doute, comme
Jupiter et Saturne, le centre d'un système
secondaire.

Quels mondes gravitent dans cette attraction? Quels êtres sont éclos dans les effluves
de ce rayonnement? Quelles pensées s'élèvent dans cette lumière? Quel ordre de vie se
développe en ces lointains séjours, si différents de celui que nous habitons?... Voltaire,
l'un des rares esprits qui ont vécu dans la
contemplation astronomique des choses et
auquel on doit l'introduction en France des
travaux de Newton (que répudiait alors toute
la science officielle française), écrivait dans
Micromégas (1752) :

Dans une des planètes qui tournent autour de l'é-
toile nommée Sirius, il y avait un jeune homme de
beaucoup d'esprit, que j'ai eu l'honneur de connaître
dans le dernier voyage qu'il fit sur notre petite fourmilière; il s'appelait Micromégas, nom qui convient fort à
tous les grands. Il avait huit lieues de haut.

... En arrivant dans Saturne, quelque accoutumé qu'il
fût à voir des choses nouvelles, il ne put d'abord, en
voyant la petitesse du globe et de ses habitants, se
défendre de ce sourire de supériorité qui échappe quel-

quefois aux plus sages, car enfin, Saturne n'est guère
que neuf cent fois plus gros que la Terre, et les citoyens
de ce pays-là sont des nains qui n'ont que six mille
pieds de haut. Il comprit qu'ils n'étaient pas ridicules
pour cela, et se lia d'amitié avec le secrétaire de l'Académie de Saturne, qui n'avait rien inventé.

Combien les hommes de votre globe ont-ils de sens?
demanda-t-il.

— Nous en avons soixante et douze, dit l'académicien,
et nous nous plaignons tous les jours du peu. Notre
imagination va au delà de nos besoins; nous sommes
trop bornés.

— Je le crois bien, reprit Micromégas, car dans notre
globe, nous avons près de mille sens, et il nous reste
encore je ne sais quel désir vague, je ne sais quelle
inquiétude qui nous avertit sans cesse que nous sommes
peu de chose et qu'il y a des êtres beaucoup plus par-
faits... Combien de temps vivez-vous?

— Ah! bien peu, répliqua le petit homme de Saturne.
Nous ne vivons que cinq cents grandes révolutions du
soleil (quinze mille ans environ). C'est mourir presque
au moment où l'on est né; notre existence est un point,
notre durée un instant, notre globe un atome.

— Si vous n'étiez pas philosophe, repartit Micromégas,
je craindrais de vous affliger en vous apprenant que
notre vie est sept cents fois plus longue que la vôtre;
mais vous savez trop bien que quand il faut rendre son
corps aux éléments et ranimer la nature, sous une autre
forme, ce qui s'appelle mourir, quand ce moment de
métamorphose est venu, avoir vécu une éternité ou
avoir vécu un jour, c'est précisément la même chose

Ainsi parlent l'habitant de Sirius et l'habitant de Saturne. On connaît ce qui arriva

ensuite dans le voyage du Sirien et du Satur-
nien, sur la terre, le premier n'ayant de l'eau
que jusqu'à la cheville, en mettant le pied
dans l'Atlantique, et le second ne se mouillant
guère davantage en marchant dans la Méditerranée, l'un et l'autre, prenant nos navires
de guerre pour des animalcules infiniment
petits, et finalement, à l'aide d'un puissant
microscope, découvrant les habitants de notre
planète, dont les uns se font perpétuellement
la guerre, sans savoir pourquoi, dont les
autres s'imaginent que l'univers entier a été
créé et mis au monde exprès pour eux.

Comme le héros de Voltaire, nous venons
de vivre dans le *Système de Sirius.* Il ne s'agit
plus ici d'un roman, mais de la réalité. Mieux
que Micromégas encore, nous devons savoir
que la Terre n'est qu'une minuscule fourmilière, et que les innombrables et gigantesques
soleils de l'espace sont des centres de systèmes différents du nôtre, des foyers d'attraction, de lumière et de vie, diversifiés à
l'infini.

VOYAGE DANS L'INFINI

VOYAGE DANS L'INFINI

★ ★ ★

Nous sommes sur la Terre, globe flottant, roulant, tourbillonnant, jouet de plus de dix mouvements incessants et variés ; mais nous sommes si petits sur ce globe et si éloignés du reste du monde que tout nous paraît immobile et immuable. Cependant la nuit répand ses voiles, les étoiles s'allument au fond des cieux, l'étoile du soir resplendit à l'Occident, la Lune verse dans l'atmosphère comme une mystérieuse rosée de lumière. Partons, élançons-nous avec la vitesse de la lumière : 75 000 lieues, ou 300 000 kilomètres par seconde. Dès la deuxième seconde nous passerons en vue du monde lunaire qui ouvre de-

vant nous ses cratères béants et déroule ses
vallées alpestres et sauvages. Mais ne nous
arrêtons pas. Le Soleil reparaît et nous per-
met de jeter un dernier regard à la Terre illu-
minée, petit globe penché qui tombe en se
rapetissant dans la nuit infinie. Vénus approche, terre nouvelle, égale à la nôtre, peuplée
d'êtres en mouvement rapide et passionné. Ne
nous arrêtons pas. Nous passons assez près
du Soleil pour reconnaître ses explosions gigantesques et formidables, mais nous continuons notre essor. Voici Mars, avec ses méditerranées aux mille découpures, ses golfes, ses
rivages, ses grands fleuves, ses nations, ses
villes bizarres, ses populations actives et affai-
rées. Le temps nous presse : pas de halte. Colosse énorme, Jupiter approche. Mille terres
ne le vaudraient pas. Quelle rapidité dans ses
jours ! Quels tumultes à sa surface ! Quelles
tempêtes, quels volcans, quels ouragans sous
son atmosphère immense ! Quels animaux
étranges dans ses eaux ! L'humanité n'y paraît pas encore. Volons, volons toujours. Ce

monde, aussi rapide que Jupiter, couronnè d'une étrange auréole, d'un immense système d'anneaux tourbillonnants, c'est la planète fantastique de Saturne, autour de laquelle courent huit mondes aux phases variées ; fantastiques aussi nous apparaissent les êtres qui l'habitent. Suivons notre céleste essor. Uranus, Neptune sont les derniers mondes connus que nous rencontrions sur notre passage : le dernier est déjà à plus d'un milliard de lieues de la Terre, depuis longtemps disparue. Mais volons, volons toujours. Pâle, échevelée, lente, glisse devant nous la comète égarée dans la nuit de son aphélie ; mais nous distinguons toujours le soleil comme une étoile immense brillant au milieu de la population du ciel. Avec la vitesse constante de 75 000 lieues par seconde, quatre heures avaient suffi pour nous transporter à la distance de Neptune ; mais il y a déjà plusieurs jours que nous volons à travers les aphélies cométaires, et pendant plusieurs semaines, plusieurs mois, nous continuons à traverser les solitudes dont la

famille solaire est environnée, n'y rencontrant
que les comètes qui voyagent d'un système à
l'autre, les étoiles filantes, les météorites, débris des mondes en ruine, rayés du livre de
la vie. Volons, volons encore, pendant trois
ans et six mois, avant d'atteindre le soleil le
plus proche, fournaise grandissante, double
soleil, gravitant en cadence et versant autour
de lui dans l'espace une lumière et une
chaleur plus intenses que celles de notre
propre soleil. Mais ne nous arrêtons pas,
continuons pendant dix ans, vingt ans,
cent ans, mille ans ce même voyage, avec la
même vitesse de 75 000 lieues par chaque
seconde ! Oui, pendant mille années, sans repos, ni trêve, traversons, examinons au passage ces nouveaux *soleils* de toutes grandeurs,
foyers féconds et puissants, astres dont la lumière flamboie et palpite, ces innombrables
familles de *planètes*, variées, multipliées, terres
lointaines peuplées d'êtres inconnaissables, de
toutes formes et de toute nature, ces satellites
aux phases multicolores et tous ces paysages

célestes inattendus ; observons ces nations sidérales, saluons leurs travaux, leurs œuvres,
leur histoire, devinons leurs mœurs, leurs
passions, leurs idées ; mais ne nous arrêtons
pas : voici mille autres années qui se présentent pour continuer notre voyage en ligne
droite, acceptons-les, occupons-les, traversons
tous ces amas de soleils, ces univers lointains,
ces nébuleuses qui flamboient, cette voie lactée
qui se déchire en lambeaux, ces genèses formidables qui se succèdent à travers l'immensité toujours béante ; ne soyons pas surpris si
des soleils qui s'approchent ou des étoiles
lointaines pleuvent devant nous, larmes de
feu tombant dans l'abîme éternel ; assistons à
l'effondrement des globes, à la ruine des
terres caduques, à la naissance des nouveaux
mondes ; suivons la chute des systèmes vers
les constellations qui les appellent ; mais ne
nous arrêtons pas. Encore mille ans, encore
dix mille ans, encore cent mille ans de cet
essor, sans ralentissement, sans vertige, toujours en ligne droite, toujours avec la même

vitesse de 75 000 lieues par seconde ; conce-
vons que nous voguions ainsi pendant un mi-
lion d'années, *un million de siècles...* Sommes-
nous aux confins de l'univers visible ? Voici
des immensités noires qu'il faut franchir...
Mais là-bas, de nouvelles étoiles s'allument au
fond des cieux, élançons-nous vers elles ; at-
teignons-les. Nouveau million d'années, nouvelles révélations, nouvelles splendeurs étoilées, nouveaux univers, nouveaux mondes,
nouvelles terres, nouvelles humanités !... Eh
quoi ! jamais de fin ? jamais d'horizon fermé ?
jamais de voûte ? jamais de ciel qui nous arrête ? Toujours l'espace ! toujours le vide ! Où
donc sommes-nous ? Quel chemin avons-nous
parcouru ? Nous sommes arrivés... où... au
vestibule de l'infini !... En réalité, nous n'a-
vons pas avancé d'un seul pas ! Nous sommes
toujours au même point ! Le centre est partout, la circonférence nulle part... Oui, voilà
ouvert devant nous l'INFINI, dont l'étude n'est
pas commencée. Nous n'avons rien vu de la
création divine, rien ou presque rien, vivrions-

nous l'éternité pour continuer ce voyage toujours en ligne droite, vers n'importe quelle
direction... Nous reculons d'épouvante, nous
tombons anéantis, incapables de poursuivre
une carrière inutile... Eh ! nous pouvons tomber, tomber en ligne droite dans l'abîme béant
tomber toujours, pendant « l'éternité entière » ; jamais, jamais nous n'atteindrons le
fond, pas plus que nous n'avons atteint aucune
limite à l'horizon toujours ouvert. Ni ciel, ni
enfer ; ni Orient, ni Occident ; ni haut, ni bas ;
ni gauche, ni droite. En quelque direction
que nous considérions l'univers, *il est infini
dans tous les sens.* Dans cet infini, les associations de soleils et de mondes qui constituent
notre univers visible, ne forment qu'une île
du grand archipel, et, dans l'éternité de la
durée, la vie de notre humanité si fière, avec
toute son histoire religieuse et politique, la
vie de notre planète tout entière n'est que...
le songe d'un instant.

✻✻✻

LA BÊTISE HUMAINE

LA BÊTISE HUMAINE

★ ★ ★

La bêtise humaine, envisagée sous quelques-uns de ses aspects choisis, peut-elle être considérée comme un sujet d'observation scientifique? Nous n'hésitons pas à nous prononcer pour l'affirmative, quoique jusqu'à présent on ne l'ait fait entrer dans aucun cadre de classification. Elle forme d'ailleurs un ensemble trop vaste et trop complexe pour pouvoir appartenir à un genre spécial, à une catégorie déterminée, et c'est sans doute à cause de sa grandeur et de son universalité qu'elle est restée en dehors des études positives proprement dites. Aujourd'hui même, dans ce chapitre, nous n'avons pas la prétention de traiter cet immense sujet dans toute son étendue, mais nous voulons seulement examiner l'une de ses faces les plus intéressantes, les plus sérieuses et les plus dignes d'attention : le militarisme des quatorze cent millions d'êtres humains dont est en ce moment peuplée la petite planète extravagante qui erre depuis le commencement du monde entre Mars et Vénus.

* *
*

L'humanité est en guerre perpétuelle contre elle-même, sans qu'elle ait jamais pris le temps de réfléchir et de se demander pourquoi. Elle s'ouvre les veines pour le seul plaisir de voir couler son beau sang, toujours jeune et toujours renouvelé.

Combien la guerre dévore-t-elle d'hommes par siècle? Les rapports officiels permettent de calculer assez facilement le nombre des soldats tués ou morts pendant les guerres modernes, et les traités d'histoire les mieux accrédités conservent des documents suffisants pour notre édification. Ainsi, par exemple, nous savons aujourd'hui que l'inexplicable guerre franco-allemande de 1870-1871 a fait 250 000 victimes des deux parts ; que l'inutile guerre d'Orient de 1854-1855 en a fait 785 000 ; que, pendant la rapide guerre d'Italie de 1859, 63 000 hommes sont tombés sur les champs de bataille ou morts dans les hôpitaux ; que le jeu d'échecs de la Prusse à l'Autriche en 1866 a mis hors de la vie 46 000 individus ; que la rivalité du nord et du sud des États-Unis a causé en 1863-1864 la mort de 950 000 hommes ; nous savons aussi que les guerres du premier empire ont versé le sang de cinq millions d'Européens, et que, depuis 1815, la France a encore pris vingt fois les armes. En additionnant les chiffres des victimes de la guerre depuis un siècle, dans les divers États de l'Europe, on trouve un total de 19 840 900 pour les pays de notre civilisation seulement, Europe et États-Unis

Depuis l'origine de l'histoire, il en a été de même dans tous les siècles, à commencer par

32.

la guerre de Troie. Certaines batailles remarquables, où l'on se prenait corps à corps, au
couteau et à la massue, ont eu l'honneur mé-
morable de laisser jusqu'à deux cent mille
hommes d'un coup sur le terrain; exemples: la
défaite des Cimbres et des Teutons, par Marius,
et les derniers exploits d'Attila. Les croisades
méritent en particulier une mention très ho-
norable, tant pour leur douceur que pour leur
utilité. Sans nous perdre dans les détails,
contentons-nous de constater qu'il y a en
moyenne 18 à 20 millions d'hommes tués
par siècle, en Europe, par la très intelligente
institution de la guerre. Cette rangée d'hommes (de trente ans en moyenne) formerait,
chacun se tenant par la main, un ruban de
4 500 lieues de longueur, traversant toute
l'Europe et toute l'Asie : l'épidémie guerrière
européenne l'atteint de proche en proche
comme une commotion électrique et la couche tout entière, tuée net, sur le sol; chaque
siècle, une pareille rangée sort du sol pour
tomber de la même façon, et ainsi de suite.

*
* *

Les nations de l'extrême Orient (empire chinois et voisins) forment une seconde condensation humaine, qui verse à peu près la même quantité de sang. On se souvient de ses héros glorieux Gengis Khan et Tamerlan, qui marquaient les stades de leurs routes par des pyramides de têtes coupées. Ce que nous connaissons des peuples dits barbares nous montre également chez eux des combats perpétuels, mais qui n'assomment guère que quatre à cinq millions d'animaux raisonnables dans le même espace de temps.

Au total, c'est, au minimum, *quarante millions* d'hommes dans la fleur de l'âge que l'humanité se détruit par siècle dans ses incessantes guerres politiques, religieuses ou internationales.

La statistique générale prouve en même temps que, depuis la guerre de Troie, c'est-à-dire depuis les commencements mêmes de notre histoire, il y a trois mille ans, il ne s'est pas encore écoulé une seule année entière sans qu'une guerre quelconque, allumée ici ou là, n'assassinât son contingent convenable d'individus. Que dis-je? depuis la guerre de Troie! Si l'on en croit les traditions chrétiennes, les anges ne se battaient-ils pas déjà dans le Ciel? et n'est-ce pas sur la défaite des anges rebelles que l'existence du diable, la tentation d'Ève, la faute d'Adam, le péché originel et la venue du Rédempteur, c'est-à-dire le fondement même du christianisme, sont solidement établis?

Depuis le temps de la guerre de Troie, de David (qui avait une armée permanente), de Sémiramis, de Sésostris, de Xerxès, de Cyrus, de Cambyse, on constate chronologiquement que nos 40 millions s'appliquent à ces trente siècles, de telle sorte que le total des hommes détruits par les guerres depuis les origines de notre histoire asiatico-européenne peut être légitimement évalué à 1 200 millions!

Ce chiffre représente presque la population totale actuelle de la Terre entière.

Ainsi, depuis trois mille ans environ, depuis les guerres pharaoniques de l'Égypte, les invasions mongoles et chinoises, les conquêtes d'Alexandre, etc., etc., on a égorgé honorablement et officiellement, très souvent en chantant des cantiques aux dieux des armées (car chacun a le sien) ou en faisant de la musique instrumentale sur le mode majeur, on a égorgé, dis-je, autant d'êtres humains qu'il y en a actuellement sur le globe!

* *

Qu'est-ce que c'est que ce nombre-là?

Il fait jour, le Soleil répand sa lumière et sa chaleur sur le monde. Les campagnes sont verdoyantes, les villes animées, les villages environnés de travailleurs. Des millions d'hommes vivent, agissent, produisent. La science développe ses splendeurs à la contemplation de l'esprit; l'histoire, le roman

apportent sous le regard du lecteur le tableau
des groupes divers qui peuplent le monde,
l'industrie transforme la face de la nature, les
montagnes s'abaissent, les vallées s'élèvent,
les mers reculent, l'équateur et le pôle se
donnent la main, la vapeur supprime le
temps, dompte les mers; sillonne les peuples;
l'électricité fait palpiter d'une vie commune
l'Europe et l'Amérique; l'époux conduit la
fiancée à la bénédiction de l'aïeule, l'enfant
joue dans un rayon de soleil; la vie déploie à
la surface du globe son rayonnement joyeu
et divin...

*
* *

Mais voici le soleil couché, la nuit noire, le
silence lugubre. Descendant des sombres
hauteurs, la Mort, la Mort funèbre, arrive,
tenant dans ses mains une faux d'acier. Comme
un oiseau de nuit dont le vol fait frémir,
elle passe, étend la main vers les quatre
points cardinaux, traverse l'espace ténébreux

et disparaît dans la profondeur : ce geste
vient d'arrêter l'humanité dans son cours; ce
passage du nécrophore vient d'endormir tous
les humains du dernier sommeil; demain matin, nul de nous ne se réveillera. Le Soleil
éclairera une Terre de morts. En aucun pays
du monde il ne reste un seul humain vivant
pouvant le contempler. Paris, Londres, New-
York, Saint-Pétersbourg, Vienne, Berlin,
Rome sont arrêtés soudain comme autant de
machines où le feu a manqué tout à coup. Les
rues sont désertes, les demeures sont em-
plies de morts; villes et villages sont autant
de cimetières...

Au bout de quelques jours, le vent qui
souffle sur ce sépulcre universel n'emporte
plus dans l'espace que l'odeur nauséabonde
des millions de corps décomposés; depuis les
édifices solitaires jusqu'aux muets rivages
des longs fleuves, depuis les grandes cités
empestées jusqu'aux prairies incommensurables, le Silence géant, assis sur les ruines
du globe, s'endort au milieu du vaste et inson-

dable champ des morts, au milieu de cette armée gisante de 1 200 millions de cadavres.

Ce vaste cimetière de l'humanité entière, c'est, vue sous un même regard, la quantité réelle de victimes que la Guerre a couchées dans l'obscurcissement de la mort depuis les origines historiques des peuples jusqu'en l'an de grâce où nous sommes.

* *
*

L'extravagance humaine de cette planète ost ainsi faite qu'au lieu de mener une vie tranquille, laborieuse, intellectuelle et heureuse, elle se suicide perpétuellement en s'ouvrant les quatre veines et en jetant son meilleur sang dans ses convulsions frénétiques. Voyez-la à l'œuvre, cette humanilé : elle choisit ses enfants les plus forts, les allaite, les nourrit, les entoure de soins jusqu'à la plénitude de leur âge viril, puis les aligne méthodiquement. Comme il n'y a que 36 525 jours par siècle et qu'il lui faut poignarder 40 millions d'individus, elle ne lâche pas un seul instant son couteau, en égorge sans fatigue 1 100 par jour, presque 1 par minute, 46 par heure! Et il n'y a pas de temps à perdre, car, si par hasard on se repose un seul jour, c'est 2 200 condamnés qui attendent leur tour pour le lendemain.

Voilà à quoi les hommes s'occupent. Apprécions dignement ce haut degré d'intelligence par quelques comparaisons

*
* *

Le glaive de Mars tire sans trêve le sang des veines de l'humanité. *Dix-huit millions de mètres cubes* ont déjà été répandus.

La Seine, à Paris, débite, en été, au large bras du Pont-Neuf, environ cent mètres cubes d'eau par seconde; c'est une force de 3 500 chevaux. Par heure, il passe donc sous ces arches une quantité de 36 000 mètres cubes d'eau. Par jour, c'est une quantité de 8 640 000

Eh bien! plaçons-nous sur le parapet du

Pont-Neuf, et observons ce cours rapide, lourd et profond. Si, au lieu d'eau, c'était du sang humain, le sang versé dans toutes les guerres formerait un pareil fleuve, un pareil cours! Et pour le voir s'écouler tout entier, s'il était réuni dans le bassin de ces quais, il faudrait rester appuyé sur ce parapet, au-dessus de ces flots rouges et bouillonnants, pendant plus de quarante-huit heures! pendant cinquante heures...

Les flots de sang feraient tourner des moulins gigantesques et mettraient en mouvement des turbines capables d'en lancer des jets immenses jusqu'aux plus lointaines conduites d'eau, et d'en arroser la capitale entière. Les bateaux à vapeur remonteraient ou descendraient ce fleuve comme ils le font aujourd'hui; les barques se balanceraient sur les ondes empourprés, dont l'odeur pénétrante envahirait les édifices royaux comme le nauséabond brouillard des fosses infernales du Dante. Cette quantité de sang pèse 18 milliards 900 millions de kilogrammes. C'est un jet intarissable qui lance sans repos, depuis le commencement du monde historique, 680 litres de sang par heure sur les trônes de la Terre pour en entretenir la pourpre respectée.

Si les 1 200 millions de squelettes produits par ces jeux tragiques se relevaient et grimpaient les uns sur les autres, cette échelle de squelettes s'élèverait jusqu'à la Lune, puis elle pourrait s'enrouler autour de cet astre et, continuant de s'élever, monterait dans l'infini jusqu'à une distance quadruple encore : jusqu'à 500 700 lieues de hauteur.

Les cadavres jetés dans la Manche au Pas-de-Calais pourraient former le fameux pont projeté depuis si longtemps entre la France et l'Angleterre, et séparer par un barrage l'Océan de la mer du Nord.

En ne prenant que les têtes des hommes tués dans toutes les guerres et en les plaçant les unes à côté des autres, on en ferait un collier embrassant six fois le tour du monde.

Qu'ajouterons-nous encore à ces tableaux incomparablement moins hideux que la réa-

lité? Une remarque seulement : c'est que les
divers gouvernements de l'Europe seule tuent,
chaque mois, pour leur bon plaisir, plus
d'hommes qu'on ne voit, à l'œil nu, d'étoiles
au ciel par la plus belle nuit1

Quelles sont les raisons qui font déclarer
les guerres? Ces raisons se valent par leur
insignifiance. Depuis la première des guerres
historiques, la guerre de Troie, faite pour ré-
clamer une femme infidèle, jusqu'aux dernières, celle de 1870, faite sous le prétexte
d'empêcher les Hohenzollern d'aller s'asseoir
sur le trône d'Espagne, ou celles des Anglais
dans les Indes et en Égypte, ou celles de la
Serbie et de l'éternelle question d'Orient, on
n'a jamais eu aucune bonne raison pour
ameuter ainsi des troupeaux d'hommes, les
rendre enragés et les faire s'entre-dévorer
comme des loups. A un demi-siècle seulement de distance, le résultat de toutes ces
hystéries ne se traduit que par un changement de coloris sur les cartes géographiques.

On suppose parfois que c'est là, fatalement un mal naturel et nécessaire, « comme les épidémies », dit-on aussi, pour empêcher la race humaine de se trop multiplier (!!!).

Or, la Terre pourrait nourrir facilement dix fois plus de monde qu'elle n'en a, et les destructions de la guerre n'agissent que dans une proportion relativement faible sur la totalité de la population humaine qui se perpétue, comme chacun sait, au taux régulier d'une naissance par seconde. Au contraire, il n'y a pas assez de mains sur la Terre, et chaque famille serait beaucoup plus riche si l'humanité avait le double de bras à son service. En fait, l'état de paix armée permanente, le militarisme européen est la cause principale de la stérilisation actuelle des campagnes et de la ruine des pays.

y a soixante-dix habitants par kilomètre carré en France, et chacun y a sa place au Soleil, chacun peut y gagner sa vie. Or, dans certaines régions aussi privilégiées que la France, telles que l'Amérique du Nord, à pa-

reil climat et à pareil sol, il n'y a que quatre
habitants par kilomètre carré! aussi la Terre
reste-t-elle de plus en plus sans culture.

Non seulement la guerre n'est pas un fléau
nécessaire, mais il est plus nuisible que tous
les autres, parce qu'il les amène tous, et que
la maladie, la ruine et la famine suivent partout la guerre sur son passage.

Mais, pour nous édifier complètement sur
le degré de la folie humaine, nul tableau n'est
plus instructif encore que celui des budgets
nationaux et de la manière dont les nations
dépensent leurs ressources.

*
* *

Pour se tuer convenablement, il faut de
l'argent, beaucoup d'argent, car chaque homme
tué revient à 35 000 francs environ. Les impôts multipliés et toujours grandissants de
toutes les nations n'arrivent pas à entasser les
sommes suffisantes pour payer les boucheries

de troupeaux humains. L'Europe dépense plus
de six milliards par année pour répandre le
sang de ses enfants. Nous payons, en France
seulement, deux millions par jour pour cela.
La guerre d'Amérique n'a pas coûté moins de
vingt-huit milliards. Depuis la guerre de Cri-
mée seulement, jusqu'à celle de 1870-71, les
nations civilisées de l'Europe et de l'Amérique
ont dépensé, pour s'entre-détruire, cinquante
milliards de budget ordinaire, plus cinquante-
cinq milliards de budget extraordinaire. Total : *cent cinq milliards*. Le total des cent dernières années a coûté aux budgets des nations
la somme officielle de *sept cents milliards*, sans
compter les deuils, les ruines et tout le reste.
Pour une partie seulement de cette somme
fabuleuse, on aurait pu élever et instruire
gratuitement tous les enfants; on aurait pu
construire toutes les lignes de chemins de fer;
on aurait pu donner toutes ses applications à
la réalisation de la navigation aérienne; on
aurait pu supprimer les douanes, les octrois
et les entraves à la liberté des transactions

commerciales; on aurait pu guérir toutes les
misères qui ne sont pas dues à la paresse ou
aux infirmités; on aurait pu, peut-être déjà,
correspondre avec les habitants des autres
mondes!... On aurait pu... Mais que disons-
nous? On pourrait être heureux, et on ne le
veut pas.

Le fils de famille qui se conduirait comme
le font les gouvernements des nations les plus
civilisées de l'Europe serait mis en interdit,
condamné au bagne ou à l'échafaud, suivant
les juges, mais assurément ne serait considéré
par personne comme jouissant du plein exercice de sa raison. Est-ce le crime ou la folie
qui domine? Les deux s'unissent pour se partager le monde.

*
* *

Les ressources gagnées à grand'peine par
les travailleurs ne suffisent plus depuis longtemps. Il faut emprunter, emprunter encore
et escompter l'avenir. La dette publique de

l'Europe et de l'Amérique s'élève aujourd'hui
à *quatre-vingt-dix-huit milliards !* Elle continue
de s'exagérer, et continuera jusqu'à ce que
tous les peuples fassent faillite. La dette publique des diverses nations de l'humanité entière s'élève actuellement à *cent trente milliards*, que l'humanité *se doit à elle-même!*...
Aucun problème de l'astronomie n'est de cette
force-là, et aucun Observatoire n'est comparable à une Chambre de députés.

Et ces dettes, ces sacrifices, ces impôts de
tout genre, cet accroissement constant de la
gêne publique : pour qui ? pour quoi ? — Pour
enlever les bras à l'agriculture, pour stérili-
ser la Terre, pour préparer la famine universelle et pour s'entre-détruire inexorablement.

Mieux encore! Notre intelligente humanité
n'a eu jusqu'à présent de la reconnaissance
que pour ses spoliateurs, des honneurs que
pour ses bourreaux, des lauriers que pour ses
assassins, des statues que pour ceux qui l'é-
crasent sous les talons de leurs bottes.

Que conclure de cet examen ? Pouvons-nous

sérieusement espérer qu'un jour l'humanité
reconnaîtra sa sottise, que les peuples attein-
dront l'âge de raison et que la guerre infâme
cessera enfin de souiller cette planète, mieux
éclairée sur les véritables conditions de son
bonheur? Non pas! Les hommes sont ainsi
faits : ils ont besoin de maîtres, ils ont besoin de bourreaux, ils ont besoin de malheurs. On verra, pendant de longues années
encore, quatre-vingt-dix-neuf hommes sur
cent éprouver la nécessité de s'entrepoignar-
der; et le centième, qui les traitera de fous,
sera longtemps lui-même considéré comme
un utopiste. Supprimer toutes les armées et
les casernes du monde? Y songez-vous? C'est
impossible.

*
**

Il y aurait peut-être un moyen terme. Un
mécanicien de mes amis a bien voulu calculer
quel serait le prix de fabrique de militaires en
bois, grandeur naturelle, bien conditionnés.

Comme, après tout, les victoires ne sont aujourd'hui qu'une affaire de nombre, d'argent et de stratégie, il a trouvé que, pour six milliards par an, on pourrait facilement reproduire toutes les armées (soldats en sapin, sous-officiers en chêne, officiers en bois de rose, capitaines en acajou, colonels en cèdre et généraux en or et argent) et les faire manœuvrer à la vapeur, y compris l'artillerie. Les chefs d'État des deux nations en guerre et leur état-major dirigeraient la stratégie à leurs risques et périls. La victoire appartiendrait toujours, comme ci-devant, à celui qui, par son habileté, aurait réussi à mettre son adversaire en échec et à démolir le plus grand nombre de combattants. Ce « perfectionnement » des armées aurait cet avantage de laisser les agriculteurs à leurs champs, les ouvriers à leurs fabriques, les étudiants à leurs études, pour le plus grand bien de la richesse publique et du bonheur général.

Avis aux ministres de la guerre de l'avenir, pour le jour où les hommes, arrivant enfin à l'âge de raison, refuseraient de se battre. Mais, ministres et généraux peuvent,. de longs siècles encore, dormir sur leurs lauriers. Les enfants de notre excellente planète n'arriveront pas de sitôt à l'âge de raison... Et puis, que feraient-ils? Il faut bien s'occuper à quelque chose.

Au surplus, quand on appartient à une humanité dans laquelle chaque nation s'honore de posséder à sa tête un « ministère de la Guerre », sans même s'apercevoir de l'infamie d'un pareil titre, il serait peut-être un peu naïf d'essayer d'y parler raison.

O nos frères du système de Sirius ou de Capella! Si vous nous distinguez de si loin, combien vous devez rire de la « politique » nationale, et internationale des indigènes de la Terre !

Waterloo, juin 1885.

★ ★ ★

Ce chapitre a été interprété par quelques lecteurs d'une manière singulièrement erronée. Les considérations précédentes ne s'appliquent pas à la France, mais à l'*humanité entière*, aux Chinois aussi bien qu'aux Européens. De plus, ce n'est pas un conseil que 'auteur donne, c'est un fait qu'il constate, en astronome.

DANS LE CIEL

DANS LE CIEL

★★★

Je me souviens qu'un jour, vers la fin d'une chaude journée d'été, je m'étais endormi à la lisière d'un bois, sur le versant d'une colline solitaire. Je fus étrangement surpris, en m'éveillant après un instant de somnolence, de ne plus reconnaître le paysage, ni les arbres voisins, ni la rivière qui coulait au pied du coteau, ni la prairie ondulée qui allait se perdre au loin dans l'horizon. Le soleil se couchait, plus petit que nous n'avons coutume de le voir. L'air frémissait de bruits harmonieux inconnus à la Terre, et des insectes grands comme des oiseaux voltigeaient sur des arbres sans feuilles, couverts de gigantesques fleurs rouges. Je me levai, poussé par l'étonnement comme par un ressort, et d'un bond si énergique que je me trouvai subitement debout, me sentant d'une légèreté singulière. A peine avais-je fait quelques pas, que plus de la moitié du poids de mon corps me parut s'être évaporée pendant mon sommeil; cette sensation intime me frappa plus profondément encore que la métamorphose de la nature déployée sous més regards.

C'est à peine si j'en croyais mes yeux et mes sens. D'ailleurs, je n'avais plus absolument les mêmes yeux, je n'entendais plus de la même manière et je m'aperçus même dès ces premiers instants que mon organisation était douée de plusieurs sens nouveaux, tout différents de ceux de notre harpe terrestre, — notamment d'un sens magnétique, par lequel on peut se mettre en communication d'un être à l'autre sans qu'il soit nécessaire de traduire les pensées par des paroles audigibles : ce sens rappelle celui de l'aiguille aimantée qui, du fond d'une cave de l'Observatoire de Paris, frissonne et tressaille quand une aurore boréale s'allume en Suède, et quand une explosion électrique éclate dans le Soleil.

L'astre du jour venait de s'éteindre dans un lac lointain, et les lueurs roses du crépuscule planaient au fond des cieux comme un dernier rêve de la lumière. Deux Lunes s'allumèrent à diverses hauteurs, la première en forme de croissant, au-dessus du lac dans le sein duquel le Soleil avait disparu ; la seconde, en forme de premier quartier, beaucoup plus élevée dans le ciel et du côté de l'Orient. Elles étaient très petites et ne rappelaient que de bien loin l'immense flambeau des nuits terrestres. C'est comme à regret qu'elles donnaient leur vive mais faible lumière. Je les regardais tour à tour avec stupéfaction. Le plus étrange peut-être encore, dans toute l'étrangeté de ce spectacle, c'est que la Lune occidentale, qui était environ trois fois plus grosse que sa compagne de l'Est, tout en étant encore cinq fois moins large que notre Lune terrestre, marchait dans le ciel d'un

34.

mouvement très facile à suivre de l'œil, et semblait courir avec vitesse de la droite vers la gauche pour aller rejoindre à l'Orient sa céleste sœur.

On remarquait encore, dans les dernières lueurs du couchant qui s'éteignait, une troisième Lune, ou, pour mieux dire, une brillante étoile. Plus petite que le moindre des deux satellites, elle n'offrait pas de disque sensible; mais sa lumière était éclatante. Elle planait dans le ciel du soir comme Vénus dans notre ciel lorsqu'aux jours de son plus splendide éclat « l'étoile du berger » règne en souveraine sur les indolentes soirées du printemps aux tendres rêves.

Déjà les plus brillantes étoiles s'allumaient dans les cieux; on reconnaissait Arcturus aux rayons d'or, Véga, si blanche et si pure, les sept astres du septentrion, et plusieurs constellations zodiacales. L'étoile du soir, le nouveau Vesper, rayonnait alors dans la constellation des Poissons. Après avoir étudié pendant quelques instants sa situation dans

le ciel, m'être orienté moi-même d'après les
constellations, avoir examiné les deux satellites et réfléchi à la légèreté de mon propre poids, je ne tardai pas à être convaincu
que je me trouvais sur la planète Mars et que
cette charmante étoile du soir était... LA
TERRE.

*
* *

Mes yeux s'arrêtèrent sur elle, imprégnés
de ce mélancolique sentiment d'amour qui
serre les fibres de notre cœur lorsque notre
pensée s'envole vers un être chéri dont une
cruelle distance nous sépare; je contemplai
longuement cette patrie où tant de sentiments
divers se mélangent et se heurtent dans les
fluctuations de la vie. Et je pensais :

« Combien n'est-il pas regrettable que les
innombrables êtres humains qui habitent en
ce petit séjour ne sachent pas où ils sont?
Elle est charmante, cette minuscule Terre;
ainsi éclairée par le Soleil, avec sa Lune plus

microscopique encore, qui semble un point à
côté d'elle. Portée dans l'invisible par les lois
divines de l'attraction, atome flottant dans
l'immense harmonie des cieux, elle occupe
sa place et plane là-haut comme une île an-
gélique. Mais ses habitants l'ignorent. Singulière humanité! Elle a trouvé la Terre trop
vaste, s'est partagée en troupeaux et passe
son temps dans les guerres. Il y a, dans cette
île céleste, autant de soldats que d'habitants!
ils se sont tous armés les uns contre les autres, quand il eût été si simple de vivre tranquillement, et trouvent glorieux de changer
de temps en temps les noms des pays et la
couleur des drapeaux. C'est là l'occupation
favorite des nations et l'éducation primordiale des citoyens. Hors de là, ils emploient
leur existence à adorer la matière. Ils n'ap-
précient pas la valeur intellectuelle, restent
indifférents aux plus merveilleux problèmes
de la création et vivent sans but. Quel dom-
mage! Un habitant de Paris qui n'aurait jamais entendu prononcer le nom de cette cité

ni celui de la France ne serait pas plus étranger qu'eux dans leur propre patrie. Ah! s'ils pouvaient voir la Terre d'ici, avec quel plaisir ils y reviendraient et combien seraient transformées toutes leurs idées générales et particulières. Alors ils connaîtraient au moins le pays qu'ils habitent; ce serait un commencement; ils étudieraient progressivement les réalités sublimes qui les environnent au lieu de végéter sous un brouillard sans horizon, et bientôt, ils vivraient de la véritable vie, de la vie intellectuelle. »

* *

« Quel honneur il lui fait! On croirait vraiment qu'il a laissé des amis dans ce bagne-là! »

Je n'avais point parlé. Mais j'entendis fort distinctement cette phrase qui semblait répondre à ma conversation intérieure. Deux habitants de Mars me regardaient, et ils m'a-

vaient compris, en vertu de ce sixième sens
de perception magnétique dont il a été question plus haut. Je fus quelque peu surpris, et,
l'avouerai-je, sensiblement blessé de l'apos-
trophe : « Après tout, pensai-je, j'aime la
Terre, c'est mon pays, et j'ai du patriotisme ! »

Mes deux voisins rirent cette fois-ci tous les
deux ensemble.

— « Oui, reprit l'un d'eux avec une bonté
inattendue, vous avez du patriotisme. On voit
bien que vous arrivez de la Terre. »

Et le plus âgé ajouta :

— « Laissez-les donc, vos compatriotes, ils
ne seront jamais ni plus intelligents ni moins
aveugles qu'aujourd'hui. Il y a déjà quatre-
vingt mille ans qu'ils sont là. Et, vous l'avouez
vous-même, ils ne sont pas encore capables
de penser... Vous êtes vraiment admirable
de regarder la Terre avec des yeux aussi at-
tendris. C'est trop de naïveté. »

N'avez-vous pas, cher lecteur, rencontré
parfois, sur votre passage, de ces hommes tout
pénétrés d'un imperturbable orgueil et qui se

croient sincèrement et inébranlablement au-
dessus de tout le reste du monde? Lorsque
ces fiers personnages se trouvent en face d'une
supériorité, elle leur est instantanément anti-
pathique: ils ne la supportent pas. Eh bien!
après le dithyrambe qui précède (et dont vous
n'avez eu tout à l'heure qu'une pâle traduction), je me sentais fort supérieur à l'humanité terrestre, puisque je la prenais en pitié
et invoquais pour elle de meilleurs jours.
Mais quand ces deux habitants de Mars sem-
blèrent me prendre en pitié moi-même, et que
je crus reconnaître en eux une froide supériorité sur moi, je fus un instant l'un de ces
ineptes orgueilleux; mon sang ne fit qu'un
tour, et, tout en me contenant par un restant
de politesse française, j'ouvris la bouche pour
leur dire :

—.« Après tout, Messieurs, les habitants de
la Terre ne sont pas aussi stupides que vous
paraissez le croire et valent peut-être mieux
que vous. »

Malheureusement, ils ne me laissèrent même

pas commencer ma phrase, attendu qu'ils l'a-
vaient devinée pendant qu'elle se formait par
la vibration des moelles de mon cerveau.

— « Permettez-moi de vous dire tout de
suite, fit le plus jeune, que votre planète est
absolument manquée, par suite d'une circonstance qui date d'une dizaine de millions d'années. C'était au temps de la période primaire
de la genèse terrestre. Il y avait déjà des
plantes, et même des plantes admirables, et
dans le fond des mers comme sur les rivages
apparaissaient les premiers animaux, les mollusques sans tête, sourds, muets et dépourvus
de sexe. Vous savez que la respiration suffi'
aux arbres pour leur nourriture complète et
que vos chênes les plus robustes, vos cèdres
les plus gigantesques n'ont jamais rien mangé;
ce qui ne les a pas empêchés de grandir. Ils
se nourrissent par la respiration seule. Le
malheur, la fatalité a voulu qu'un premier
mollusque eût le corps traversé par une goutte
d'eau plus épaisse que le milieu ambiant.
Peut-être la trouva-t-il bonne. Ce fut l'origine

du premier tube digestif, qui devait exercer
une action si funeste sur l'animalité entière,
et, plus tard, sur l'humanité elle-même. Le
premier assassin fut le mollusque qui mangea.

« Ici, on ne mange pas, on n'a jamais mangé,
on ne mangera jamais. La création s'est développée graduellement, pacifiquement, noblement, comme elle avait commencé. Les
organismes se nourrissent, autrement dit renouvellent leurs molécules, par une simple
respiration, comme le font vos arbres terrestres, dont chaque feuille est un petit estomac.
Dans votre chère patrie, vous ne pouvez vivre un seul jour qu'à la condition de tuer.
Chez vous, la loi de vie, c'est la loi de mort.
Ici, il n'est jamais venu à personne l'idée de
tuer même un oiseau.

« Vous êtes tous, plus ou moins, des bou-
chers. Vous avez les bras pleins de sang. Vos
estomacs sont gorgés de victuailles. Comment
voulez-vous qu'avec des organismes aussi
grossiers que ceux-là vous puissiez avoir des

35

idées saines, pures, élevées, — je dirai même (pardonnez ma franchise), des idées propres? Quelles âmes pourraient habiter de pareils corps? Réfléchissez donc un instant, et ne vous bercez plus d'illusions aveugles trop idéales pour un tel monde. »

— « Comment! m'écriai-je en l'interrompant, vous nous refusez la possibilité d'avoir des idées propres? Vous prenez les humains pour des animaux? Homère, Platon, Phidias, Sénèque, Virgile, le Dante, Colomb, Bacon, Galilée, Pascal, Léonard, Raphaël, Mozart, Beethoven, n'ont-ils jamais eu aucune aspiration élevée? Vous trouvez nos corps grossiers et repoussants : si vous aviez vu passer devant vous Hélène, Phryné, Aspasie, Sapho, Cléopâtre, Lucrèce Borgia, Agnès Sorel, Diane de Poitiers, Marguerite de Valois, Borghèse, Talien, Récamier, Georges et leurs admirables rivales, vous penseriez peut-être d'une façon différente. Ah ! cher Martien, à mon tour, permettez-moi de regretter que vous ne connaissiez la Terre que de loin. »

— « C'est ce qui vous trompe, j'ai habité cinquante ans ce monde-là. Cela m'a suffi, et je vous assure que je n'y retournerai plus. Tout y est manqué, même... ce qui vous paraît le plus charmant. Vous imaginez-vous que sur toutes les Terres du Ciel des fleurs donnent naissance aux fruits de la même façon? Ne serait-ce pas un peu cruel? Pour moi, j'aime les primevères et les boutons de rose. »

— « Mais, repris-je, cependant, malgré tout, il y a eu de grands esprits sur la Terre, et, vraiment, d'admirables créatures. Ne peut-on se bercer de l'espérance que la beauté physique et morale ira en se perfectionnant de plus en plus, comme elle l'a fait jusqu'ici, et que les intelligences s'éclaireront progressivement? On ne passe pas tout son temps à manger. Les hommes finiront bien, malgré leurs travaux matériels, par consacrer chaque jour quelques heures au développement de leur intelligence. Alors, sans doute, ils ne continueront plus de fabriquer de petits dieux à leur image, et peut-être aussi supprimeront-ils leurs puériles frontières pour laisser régner l'harmonie et la fraternité. »

. — « Non, mon ami, car, s'ils le voulaient, ils le feraient dès aujourd'hui. Or, ils s'en gardent bien. L'homme terrestre est un petit animal qui, d'une part, n'éprouve pas le besoin de penser, n'ayant même pas l'indépendance de l'âme, et qui, d'autre part, aime se battre et établit carrément le droit sur la force. Tel est son bon plaisir et telle est sa nature. Vous ne ferez jamais porter de pêches à un buisson d'épines.

« Songez donc que les plus délicieuses beautés terrestres auxquelles vous faisiez allusion tout à l'heure, ne sont que des monstres grossiers à côté de nos aériennes femmes de Mars, qui vivent de l'air de nos printemps, des parfums de nos fleurs, et sont si voluptueuses, dans le seul frémissement de leurs ailes, dans l'idéal baiser d'une bouche qui ne mangea jamais, que si la Béatrix du Dante avait été d'une telle nature, jamais l'immortel Florentin n'eût pu écrire deux chants de sa divine comédie : il eût commencé par le Paradis et n'en fût jamais descendu. Songez que nos adolescents ont autant de science innée que Pythagore, Archimède, Euclide, Kepler, Newton, Laplace et Darwin après toutes leurs laborieuses études : nos douze sens nous mettent en communication directe avec l'univers; nous sentons d'ici, à cent millions de lieues, l'attraction de Jupiter qui passe; nous voyons à l'œil nu les anneaux de Saturne; nous devinons l'arrivée d'une comète, et notre corps est imprégné de l'électricité solaire qui met en vibration toute la nature. Il n'y a jamais eu ici ni fondateurs d'empires, ni divisions internationales, ni guerres; mais, dès ses premiers jours, l'humanité, naturellement pacifique et affranchie de tout besoin matériel, a vécu indépendante de corps et d'esprit, dans une constante activité intellectuelle, s'élevant sans arrêt dans la connaissance de la vérité. Mais venez plutôt jusqu'ici. »

Je fis quelques pas avec mes interlocuteurs
sur le sommet de la montagne, et arrivant en
vue de l'autre versant j'aperçus une multitude
de lumières de diverses nuances voltigeant
dans les airs. C'étaient les habitants qui, la
nuit, deviennent lumineux quand ils le veulent. Des chars aériens, paraissant formés de
fleurs phosphorescentes, conduisaient des or-
chestres et des chœurs; l'un d'eux vint à
passer près de nous et nous prîmes place au
milieu d'un nuage de parfums. Les sensations
que j'éprouvais étaient singulièrement étrangères à toutes celles que j'avais goûtées sur
la Terre, et cette première nuit sur Mars passa
comme un rêve rapide, car à l'aurore je me
trouvais encore dans le char aérien, discou-
rant avec mes interlocuteurs, leurs amis et
leurs indéfinissables compagnes. Quel pano-

rama au lever du soleil! Fleurs, fruits, parfums, palais féeriques s'élevaient sur des îles
à la végétation orangée, les eaux s'étendaient
en limpides miroirs ; et de joyeux couples aériens descendaient en tourbillonnant sur ces
rivages enchanteurs. Là, tous les travaux matériels sont accomplis par des machines et
dirigés par quelques races animales perfec-
tionnées, dont l'intelligence est à peu près
du même ordre que celle des humains de la
Terre. Les habitants ne vivent que par l'esprit et pour l'esprit ; leur système nerveux est
parvenu à un tel degré de développement,
que chacun de ces êtres, à la fois très délicat
et très fort, semble un appareil électrique, et
que leurs impressions les plus sensuelles,
ressenties bien plus par leurs âmes que par
leurs corps, surpassent au centuple toutes
celles que nos cinq sens terrestres réunis
peuvent jamais nous offrir... Une sorte de
palais d'été illuminé par les rayons du soleil
levant, s'ouvrait au-dessous de notre gondole
aérienne ; ma voisine, dont les ailes frémis-

saient d'impatience, posa son pied délicat sur une touffe de fleurs qui s'élevait entre deux jets de parfums. — « Retourneras-tu sur la Terre? » dit-elle en me tendant les bras.

— « Jamais! » m'écriai-je... Et je m'élançai vers elle...

*

Mais, du même coup, je me retrouvai, solitaire, près de mon bois, sur le versant de la colline aux pieds de laquelle serpentait la Seine aux replis onduleux.

Jamais!... répétai-je, cherchant à ressaisir le doux rêve envolé. Où donc étais-je? C'était beau.

Le soleil venait de se coucher, et déjà la planète Mars, alors très éclatante, s'allumait dans le ciel.

— Ah! fis-je, traversé par une lueur fugitive, j'étais là! Bercées sur la même attraction, les deux planètes voisines se regardent à travers l'espace pur. N'aurions-nous pas, dans cette fraternité céleste, une première image de l'éternel voyage? La Terre n'est plus seule au monde. Les panoramas de l'infini commencent à s'ouvrir. Que nous habitions ici ou à côté, nous sommes, non les citoyens d'un pays ou d'un monde, mais, en vérité, les CITOYENS DU CIEL.

FIN

TABLE DES MATIÈRES

———

BOURLOTON. — Imprimeries réunies, A, rue Mignon, 2, Paris

www.ingramcontent.com/pod-product-compliance
Lightning Source LLC
Chambersburg PA
CBHW060953220326
41599CB00023B/3694